Baillon (H. M)

Extrait de l'ADANSONIA, RECUEIL D'OBSERVATIONS BOTANIQUES,
Livraisons de Juillet et Août 1862.

MÉMOIRE

SUR

LES LORANTHACÉES,

PAR H. M. BAILLON.

Tout n'est pas nouveau dans ce travail, et il s'en faut de beaucoup.

Cela ne saurait être, car les plantes qui y sont étudiées, par le grand intérêt qu'elles offrent, ont tenté la curiosité et la patience de tous les botanistes.

Mais par là même beaucoup d'opinions opposées se sont produites sur ce sujet. Si bien qu'on hésite à choisir entre des interprétations souvent contradictoires, soutenues les unes et les autres par d'imposantes autorités.

D'autre part, la science se perdrait dans l'analyse, si la synthèse n'y intervenait à temps. Un morcellement infini, redouté par quelques bons esprits, loin d'être à craindre, deviendra utile à une condition, c'est qu'il n'aura été que passager et que nous réunirons en un faisceau ce qui aura été momentanément disjoint, désagrégé, pour être mieux étudié et de plus près.

Si ce travail était dédié à tous les savants qui en ont, par leur pénible labeur, lentement amassé les matériaux, l'auteur y devrait inscrire les noms de tous les grands botanistes de notre siècle.

I. Les fleurs les plus simples qu'on connaisse parmi les Loranthacées, sont celles des *Myzodendron*, si bien étudiées par M. J. D. Hooker (1). Ces fleurs dioïques sont en effet nues, et le réceptacle ne supporte, dans les fleurs mâles, que deux ou trois étamines, sans périanthe; dans les fleurs femelles, un pistil. Il n'y a pas à considérer en particulier les longs processus sétiformes qui sortent des côtes saillantes de l'ovaire, si l'on admet avec M. J. D. Hooker que ces soies ne sont dues qu'à l'allongement rapide du tissu cellulaire qui forme une portion de l'endocarpe ou de la paroi ovarienne de ces plantes. La fleur femelle est donc réduite au gynécée. Celui-ci s'insère sur un réceptacle en forme de sac ou de bourse très profonde, et il en occupe toute la concavité par sa portion ovarienne. Trois feuilles carpellaires entrent dans sa constitution, mais implantées vers la partie supérieure du sac réceptaculaire, elles ne prennent aucune part à la formation de sa base, et il en résulte qu'à aucun âge elles n'affectent le moindre rapport avec le placenta. Ces trois feuilles carpellaires, très petites, marchent à la rencontre les unes des autres, pour fermer en haut la bourse réceptaculaire, et tendent à constituer de la sorte une espèce de toit à trois pans, avec une petite ouverture trigone au centre dans le jeune âge, comme on le peut voir, même sur les échantillons desséchés des herbiers. L'ovaire est donc béant à cette époque, et ce n'est que plus tard que les trois feuilles carpellaires se relèvent verticalement en une courte colonne stylaire dont le sommet est partagé en trois lobes stigmatifères.

Dans l'intérieur de l'ovaire, on observe un placenta central libre qui, au-dessous de son sommet, porte trois ovules suspendus et superposés aux feuilles carpellaires. Ces ovules sont réduits au nucelle et formés de tissu cellulaire. M. Hooker les regarde comme anatropes. Peut-être qu'ils sont plutôt orthotropes, et que leur sommet organique se trouve à la partie inférieure.

(1) *Botany of the Antarctic voyage of discovery ships* Erebus *and* Terror. (Ce travail, traduit par M. Planchon, sous les yeux de l'auteur, est inséré dans les *Annales des sciences natur.*, sér. 3, t. V, p. 93.)

L'ovaire des *Myzodendron*, et en particulier celui du *M. brachystachium*, ne sont uniloculaires qu'à leur partie supérieure, mais à leur base, ils sont partagés en trois loges ou fossettes par des cloisons très incomplètes. Ces cloisons sont beaucoup moins élevées au centre, là où elles adhèrent au placenta, qu'à la périphérie où elles remontent assez haut contre les parois ovariennes. Il s'ensuit que le bord libre et supérieur de ces cloisons est extrêmement oblique de haut en bas et de dehors en dedans, à peu près comme le bord des montants qui séparent les unes des autres les loges de théâtre. Dans chacune des fosses ou loges incomplètes que séparent ces cloisons, un des ovules engage son extrémité inférieure et plus, suivant l'âge, cette extrémité s'allonge, plus aussi la dépression est profonde.

Il n'est personne qui, voyant ainsi le fond de l'ovaire partagé en trois compartiments par des cloisons en même nombre que les feuilles carpellaires, ne soit tout d'abord porté à admettre que les cloisons sont constituées par les bords mêmes de ces feuilles. Mais cette interprétation devient inadmissible, lorsqu'on songe qu'à aucun âge, les feuilles carpellaires n'existent en ce point du pistil. M. Hooker a remarqué avec beaucoup de raison « qu'une coupe transversale d'un jeune ovaire ne montre aucune limite entre le calice adhérent et l'ovaire». Cette limite ne saurait exister, puisqu'il n'y a, en aucun temps, aucune portion du périanthe ou des feuilles carpellaires au niveau de cette section. Les *Myzodendron* n'ont pas de calice à la fleur femelle, pas plus qu'à la fleur mâle, et, d'après ce que nous avons dit, la base, le cercle d'insertion des feuilles carpellaires est plus élevé que le point où l'on coupe ainsi le pistil. On ne divise qu'un réceptacle, un pédoncule épaissi, et il n'est pas surprenant qu'à cette époque la surface de section présente un tissu homogène.

Il est vrai que l'ancienne théorie des ovaires adhérents avec une portion calicinale imaginaire, théorie qui a tant nui aux progrès de la botanique, trouve au premier abord un grand appui dans l'existence d'un bourrelet saillant qui surmonte l'ovaire. Il semble que cet anneau soit la portion libre, mais très courte, d'un calice qui, plus bas, était soudé avec le pistil, et c'est ainsi que l'envisage M. J. D. Hooker, lorsqu'il dit que « le calice est adhérent à l'ovaire et se termine en un anneau épaissi, qui forme immédiatement au-dessus de l'insertion du style un limbe entier et très étroit ». Mais pour nous, ce bourrelet, loin d'être une dépendance du périanthe, dans une fleur que nous avons dite nue, n'est qu'un épaississement de l'axe pédonculaire, c'est-à-dire de la portion marginale de la coupe concave qui supporte les feuilles carpellaires. C'est en un mot l'organe dont MM. Decaisne et Planchon (1) ont si bien saisi l'origine dans les Santalanées, et qu'ils ont proposé d'appeler *calycode*. L'organogénie vient pleinement confirmer cette manière de voir. Si l'anneau représentait un périanthe, il se développerait avant l'ovaire. Or il est facile de voir, sur les mêmes échantillons d'herbier dont nous parlions tout à l'heure, qu'il n'y a aucune trace de ce bourrelet dans les jeunes fleurs, à l'époque même où l'on voit déjà les ovules dans l'ovaire. Il ne se développe que graduellement et d'une manière tardive, comme tant d'autres disques épigynes ou périgynes d'origine axile et réceptaculaire.

Revenons donc aux cloisons incomplètes observées dans l'ovaire, et puisqu'elles ne dépendent pas des feuilles carpellaires, recherchons quelle peut être leur origine. Nous verrons aisément qu'elles sont de nature axile, et qu'elles tiennent à un inégal accroissement des différentes portions du réceptacle. On pourrait dire qu'en face de la partie inférieure de chaque ovule, le réceptacle se creuse d'un puits peu profond pour loger cette extrémité ovulaire. Mais il est bien entendu que ce n'est là qu'une façon de parler, que le réceptacle ne se creuse pas en réalité, et que seulement il s'élève davantage dans les intervalles des ovules. D'après cela, il est facile de prévoir que, dans toutes les plantes

(1) *Sur les rapports de la structure florale des Santalacées, Olacinées, Loranthacées*, etc., in *Bull. de la Soc. bot. de France*, t. II, p. 86.

du groupe que nous étudions, là où les ovules ne descendent pas jusqu'au fond de l'ovaire, là où ces organes ne s'allongent pas beaucoup de haut en bas, ces dépressions ne se produiront pas, et que l'ovaire y sera réellement uniloculaire dans toute sa hauteur ; ce qui sera justifié plus loin par l'observation directe.

En résumé, la fleur femelle des *Myzodendron* se compose d'un pistil, dont l'ovaire est presque entièrement de nature axile. La limite supérieure de la portion axile est le bourrelet circulaire épigyne. Au-dessus, le toit de l'ovaire et le style sont de nature appendiculaire. Quant à la cavité ovarienne, elle est uniloculaire en haut, triloculaire à la base, et à chaque loge correspond un ovule qui est suspendu près du sommet d'un placenta central libre.

II. Examinons maintenant les fleurs d'un *Arjona*, l'*A. tuberosa* Cav. Ces fleurs sont disposées en épis, et chacune d'elles occupe l'aisselle d'une bractée mère. Elle est accompagnée de deux bractéoles latérales fertiles ou stériles. Son ovaire est infère, c'est-à-dire qu'il occupe la concavité d'un réceptacle en forme de bourse, comme celui du *Myzodendron*, et qu'il est également surmonté d'un style cylindrique à extrémité stigmatique trilobée. A un certain âge aussi, le bord du sac réceptaculaire s'épaissit en un bourrelet charnu. Si l'on ouvre l'ovaire, on voit qu'il est uniloculaire dans sa partie supérieure, avec un placenta central libre, auquel sont suspendus trois ovules réduits à leur nucelle, entièrement cellulaires et orthotropes. Mais dans sa portion inférieure, l'ovaire devient aussi triloculaire, et, comme dans l'*Arjona*, les ovules s'allongent plus, à une certaine époque, par leur sommet, que dans le *Myzodendron*, de même aussi les fosses sont plus profondes et les cloisons plus élevées. A part cette légère différence, on voit que le gynécée est tout à fait le même dans les deux genres. C'est ici que nous allons signaler entre eux une différence.

L'*Arjona* représente dans sa fleur un degré plus élevé de perfection, en ce sens que cette fleur est hermaphrodite et pourvue d'un périanthe. Le périanthe est simple; il a tout à fait l'apparence de celui d'une Thymélée, telle qu'un *Daïs*, c'est-à-dire qu'il est tubuleux, avec un limbe partagé en cinq lobes, dont la préfloraison est valvaire, induplicative. Par la base de son tube, le périanthe s'insère sur le bord de la coupe réceptaculaire, au niveau de l'empâtement que présente ce bord. C'est sur le périanthe lui-même que s'insèrent les étamines; elles sont superposées à ses divisions. Leurs filets courts et grêles se dégagent de la gorge en dedans de cinq petites glandes chargées de poils qu'elle porte également, et leurs anthères sont biloculaires et introrses.

Il est facile de voir, par ce qui précède, que si l'on arrachait d'une fleur d'*Arjona* le périanthe qui entraînerait avec lui l'androcée, cette fleur deviendrait exactement celle d'un *Myzodendron*. On sait d'ailleurs que plus tard l'épaississement que nous avons constaté au niveau du bord supérieur de la coupe réceptaculaire de l'*Arjona*, s'étend au plafond de l'ovaire qui devient tout à fait charnu, et le fruit de cette plante est décrit comme une baie. Mais ce ne sont là que des modifications consécutives et sans importance réelle, pour décider des véritables affinités de ce genre.

III. Après l'*Arjona*, il n'y a que peu de choses à dire des *Quinchamalium*, car les deux genres sont extrêmement voisins l'un de l'autre par tous les traits de leur organisation; si bien que, lorsque les botanistes seront effrayés de l'incessante multiplication des genres, ils songeront peut-être à réunir ces deux types dans un même groupe générique, à titre seulement de sections.

Étudions, en effet, la fleur du *Quinchamalium chilense*. Son périanthe est simple, tubuleux à sa base et divisé supérieurement en cinq lobes dont la préfloraison est valvaire. L'androcée se compose de cinq étamines insérées à la gorge, superposées aux lobes du périanthe, et composées chacune d'un filet et d'une anthère biloculaire et introrse. Il n'y a point de languettes interposées aux étamines et aux divisions du périanthe. Le gynécée se compose d'un ovaire infère, surmonté d'un style dont le sommet, légèrement dilaté, est très obscurément partagé en trois lobes stigmatifères. L'ovaire est uniloculaire dans sa partie supérieure, et le placenta central libre supporte trois ovules orthotropes, réduits au nucelle et suspendus. Mais dans la portion inférieure de l'ovaire, il y a trois cloisons incomplètes (1), alternes avec les ovules, de même que dans le *Myzodendron brachystachium* et l'*Arjona*. Un épaississement tardif se produit aussi vers le sommet de l'ovaire ; il en résulte un petit disque aplati et circulaire qui encadre la base du style. Quant à la coupe à quatre dents, qui entoure l'ovaire, et que quelques auteurs ont regardée comme un calice, R. Brown (2) l'a depuis longtemps considérée comme formée par des bractées et des bractéoles. M. Alph. de Candolle (3), dans son travail sur les Santalacées, a complétement adopté cette opinion, et il l'a étayée sur l'organogénie, ce qui ne peut être qu'une fort bonne confirmation de la manière de voir de l'illustre botaniste anglais.

Ce sac tétramère qui accompagne la fleur du *Quinchamalium* doit donc être regardé comme un involucre, et il n'est possible en aucune façon de le considérer comme un calice, car il est infère par rapport à l'ovaire, tandis que le périanthe unique est supère par rapport au gynécée.

IV. En parlant de l'enveloppe florale que possèdent les *Arjona* et les *Quinchamalium*, et qui manque chez le *Myzodendron*, nous avons employé simplement la dénomination de périanthe, sans décider si cet organe représente un calice ou une corolle. C'est là un des points les plus débattus et les plus controversés parmi les botanistes de nos jours. « Cette question, dit M. Alph. » de Candolle (*l. c.*, p. 7), qui se présente dans toutes les Dicoty-

(1) Ce fait a été reconnu par M. Payer, qui, dans la séance du 23 avril 1858 de la Société botanique de France (*Bulletin*, p. 215), a fait « constater que personne avant lui n'avait considéré l'ovaire des *Quinchamalium* comme triloculaire. »

(2) *Prodromus floræ Novæ Hollandiæ*, t. I, p. 352.

(3) *Note sur la famille des Santalacées* (*Bibliothèque universelle de Genève*, septembre 1857, p. 4).

» lédones monochlamydées et dans la plupart des Monocotylé- » dones, offre toujours de grandes difficultés. » Sans remonter bien haut dans l'histoire de cette question, examinons seulement les résultats auxquels on est arrivé jusqu'ici.

R. Brown ne s'était pas définitivement prononcé sur la nature du périgone des Santalacées et des familles voisines. Il considérait la question comme ne pouvant être résolue que par la connaissance plus approfondie de la structure de cet organe ; opinion qu'il serait difficile de partager, aujourd'hui qu'on sait que le tissu d'un pétale et celui d'un sépale peuvent ne présenter entre eux aucune différence saisissable. On en revint donc, en général, après R. Brown, à l'idée que le périanthe unique qu'on observe dans ces fleurs, était là, comme ailleurs, un calice, et qu'elles étaient apétales.

Cette opinion a surtout été adoptée de nos jours, à propos des Santalacées, Olacinées et Loranthacées, par MM. Decaisne et Planchon (*l. c.*, p. 86). Ces botanistes admettent en effet que dans les *Loranthus* « la prétendue corolle » n'est que la portion supérieure d'un périanthe simple, dont la portion inférieure ou le tube recouvre l'ovaire, et quant aux Olacinées, ils voient dans « la pré- » tendue corolle des *Groutia*, un périanthe simple, de nature cali- » cinale ». En même temps, ces savants, comparant aux familles qui nous occupent, les Cornées et les Ampélidées, croient qu'il n'y a pas entre ces différents types « correspondance exacte entre les parties semblables », et que la corolle des Vignes, par exemple, n'est pas un calice, comme cette prétendue corolle du *Groutia*. Il est même important de remarquer que M. Decaisne (p. 89) admet « que dans la fleur femelle du Gui, le calice est bien un » calice, et néanmoins ses quatre sépales se développent simulta- » nément ».

Si M. Decaisne avait alors adopté le principe posé par M. Payer (*l. c.*, p. 89) : « que la nature des organes est déterminée exclu- » sivement par leur mode de développement et leur position », il aurait sans doute admis, et avec raison, selon nous, qu'entre les

Cornées, les Ampélidées, les Santalacées et les Loranthacées, etc., il y a « correspondance exacte entre les parties semblables ». Proposition que nous espérons bientôt démontrer par ces deux faits : 1° que ces parties semblables ont la même situation; 2° qu'elles se développent de la même manière.

Un peu avant la même époque, M. Miers (1) avait décrit le périanthe simple des Olacinées comme une corolle. Il en fut repris par MM. Planchon et Decaisne, suivant lesquels M. Miers « décrit à la fois d'une manière peu intelligible et peu juste, les » fleurs des Olacinées, et particulièrement celles de son genre » *Cathedra* ». Malgré les critiques de MM. Planchon et Decaisne, nous pensons que l'interprétation de M. Miers est très exacte, et nous persistons à considérer comme une corolle l'organe auquel il a donné ce nom dans les *Cathedra* et dans les genres voisins. Dans les *Cathedra*, en effet, l'apparition de tous les lobes de cet organe est simultanée (2), caractère qui appartient à une corolle, et non à un calice.

L'opinion de M. Miers fut d'ailleurs, trois ans plus tard, adoptée et reproduite par M. Alph. de Candolle, dans son travail déjà cité sur les Santalacées. M. de Candolle a été porté à admettre le périanthe de ces fleurs comme une corolle, par l'étude du *Buckleya*. « Dans ce genre, dit-il, où l'ovaire infère et le placenta central » ne laissent pas de doute sur la famille, les pieds mâles ont une

(1) Publiés d'abord dans les *Ann. and Magaz. of nat. History*, en 1854, les travaux remarquables de M. Miers sur les Olacinées, et notamment sur les Icacinées, ont été réunis par lui en un tirage à part, sous le titre de *Contributions to Botany*. La description du genre *Cathedra* se trouve à la page 9 de ce recueil.

(2) Il est important de prémunir les botanistes contre cette opinion exprimée par M. Decaisne (*Bullet. de la Soc. botan.*, t. IV, p. 984), « qu'il ne comprend pas » qu'on fasse de l'organogénie sur des plantes sèches. Il n'existe dans les jardins » ni *Quinchamalium*, ni Olacinées, ni *Liriosma* »...... Sur les *Quinchamalium*, les *Liriosma*, les Olacinées des herbiers, notamment sur les *Cathedra*, il n'est pas difficile du tout de constater, entre autres faits, l'apparition simultanée des pièces de la corolle, et cela ne serait qu'un jeu pour un observateur aussi habile que M. Decaisne, puisqu'il a observé l'apparition simultanée des pièces du périanthe du Gui, ce qui est assurément plus difficile, même sur le frais.

» fleur exactement semblable à celle de toutes les Santalacées, » c'est-à-dire un seul verticille floral, dont les lobes portent inté- » rieurement les étamines, tandis que les fleurs femelles présen- » tent deux verticilles floraux : l'un intérieur, absolument sem- » blable à celui unique dans les fleurs mâles (sauf les étamines); » l'autre extérieur, qu'on ne peut appeler autrement qu'un calice. » Ce verticille extérieur est, en effet, composé d'organes foliacés, » développés, bien différents des bractées, car il est au haut de » l'ovaire, et tout différent aussi des petites dentelures qui se » voient dans le genre *Choretrum*, au sommet du tube, entre les » lobes du périgone, dentelures qui se retrouvent dans les Pro- » téacées et Loranthacées, que M. Brown avait appelées *calycule*, » et que MM. Planchon et Decaisne appellent avec plus de motifs » *calycode*, comme étant le bord du tube, et non un organe appen- » diculaire analogue à un calice. Le genre *Buckleya* est, pour sa » fleur femelle, une Santalacée munie clairement d'un calice et » d'une corolle; pour sa fleur mâle, d'une corolle seulement, » comme les autres Santalacées. Ceci est incontestable et décide » la question... Ainsi on arrive, soit par les Santalacées (au » moyen du *Buckleya*), soit par les Olacacées (au moyen des » genres munis de calice et de corolle), à la certitude que l'organe » unique dans la majorité de ces plantes est une corolle, et que » l'organe manquant d'ordinaire est le calice. »

J'avoue qu'il m'est pénible de songer que si les botanistes de l'Amérique n'avaient pas découvert le *Buckleya*, ceux de l'Europe seraient encore dans l'ignorance la plus complète, au sujet de la nature du périgone des Santalacées. Ce serait encore là une nouvelle preuve de l'insuffisance de cette méthode d'analogie, qui ne pourrait résoudre les questions d'importance qu'à son jour, qu'à son heure, et qui nous laisserait dans une incertitude perpétuelle, touchant un grand nombre de problèmes. M. A. de Candolle convient d'ailleurs « que cette méthode n'avait pas donné, quant » aux Santalacées et familles voisines, une solution satisfaisante », et que « les raisonnements émis en 1855, par MM. Planchon et

» Decaisne, pour prouver que le périgone de ces plantes est un » calice, ne peuvent guère être considérés comme plus concluants » que ceux émis en 1810 par M. R. Brown ».

En l'absence du *Buckleya*, ou pour les botanistes qui ne regarderaient pas comme incontestable l'existence d'un véritable calice dans la fleur femelle de ce genre, il faudrait donc forcément revenir à cette méthode organogénique, dont M. A. de Candolle fait si bon marché, quoiqu'elle l'ait conduit à des résultats si exacts, lorsqu'il l'a employée, à propos, par exemple, de la signification de la coupe dont la fleur des *Quinchamalium* est accompagnée à sa base (*l. c.*, p. 3). Si M. de Candolle avait eu recours à cette méthode pour la détermination du périanthe des Santalacées, il eût, j'en suis certain, cru avec M. Payer, et plus peut-être que M. Payer lui-même, « que le développement successif ou simultané décide de la nature de l'organe ». M. de Candolle n'est pas entré dans cette voie pour deux motifs. « N'ayant pas, » dit-il, rencontré dans les jardins des *Santalum* ou des *Comandra* en fleurs, et sachant combien l'origine des organes serait » difficile à constater dans des fleurs aussi petites que celles de nos » *Thesium*, je n'ai pas scruté beaucoup l'organogénie de la « famille. » La première de ces difficultés n'est pas insurmontable, puisqu'on peut faire venir de l'Inde, comme nous l'avons fait, des fleurs de *Santalum* à toutes les phases de leur développement. Quant au second obstacle, celui qui résulte de la petite taille des fleurs de nos *Thesium*, il n'est guère plus réel, car il n'est pas très difficile de voir naître les pièces du périanthe de ces plantes, et d'en étudier même les cellules constituantes, comme M. de Candolle pense que cela est désirable.

Il faudrait toutefois se mettre en garde contre des opinions préconçues, telles que celles-ci : que le fait de l'estivation valvaire des lobes du périgone, « s'accommoderait mal d'un développement successif, et rend probable plutôt un de ces développements qui sont ou qui semblent simultanés ». C'est une objection spécieuse et qui peut paraître logique, mais qui est contredite par les faits eux-mêmes. On ne peut jamais conclure du genre de préfloraison au mode de développement des organes. Il est facile de voir que les sépales valvaires d'un grand nombre de Malvacées, par exemple, se produisent d'une manière successive et à des intervalles assez longs pour qu'il n'y ait aucun doute possible à ce sujet. D'autre part, un très grand nombre de corolles à lobes, ou très inégaux, ou très profondément imbriqués, se font remarquer par un développement, qui est ou qui semble simultané, de tous ces lobes. Ce n'est pas l'ordre d'apparition qui fait l'estivation; sans quoi les sépales apparaissant d'ordinaire dans un ordre successif, seraient toujours imbriqués, et les pétales, dont l'évolution est généralement simultanée, seraient forcément valvaires dans tous les boutons.

Toute objection préconçue étant donc mise de côté, j'ai cherché à me faire une opinion, d'après l'étude organogénique, sur le périanthe des Santals. J'ai donc fait venir des rameaux de *Santalum album*, à tous les âges, et conservés dans l'alcool ou différents autres liquides. Recueillis à Poona, près de Bombay, le 14 juin 1861, ces plantes sont arrivées à Paris trois mois après, dans un état parfait de conservation (1). J'en ai fait l'organogénie sans aucune difficulté, et je vais maintenant exposer le résultat de mes recherches.

V. L'inflorescence du *Santalum album* est constituée de la façon suivante. Il y a une fleur qui termine exactement le rameau, et sous cette fleur, on observe deux bractées opposées,

(1) C'est à MM. Mandard et Saucède que je dois d'avoir pu me procurer ces plantes. Pour qu'on puisse au besoin vérifier mes observations, j'ai déposé un grand nombre de ces échantillons au Muséum de Paris. La conservation en est parfaite et l'étude tout aussi facile que sur des plantes fraîches. Voilà donc un excellent moyen de se procurer désormais tous les types des familles dont on voudra suivre le développement. Les liquides alcooliques sont bons dans ce cas, mais on doit leur préférer, je pense, une solution d'alun, de chlorure de sodium et de bichlorure de mercure, dont le seul inconvénient est de détériorer légèrement les instruments de dissection.

souvent stériles. Plus bas encore, il y a deux autres bractées, décussées avec les premières, et portant à leur aisselle une petite cime bipare de fleurs. En même temps, à l'aisselle des feuilles supérieures du rameau, et ces feuilles sont opposées, il y a une petite inflorescence semblable à celle qui termine le rameau.

Le réceptacle floral est d'abord formé du sommet arrondi et un peu déprimé du pédicelle. Sur ce réceptacle, apparaissent simultanément, et à égale distance, quatre petites protubérances qui rendent la tête réceptaculaire un peu plus quadrilatérale. Elles forment quatre angles saillants, dont deux sont postérieurs et deux antérieurs. Comme il est tout à fait impossible de constater le moindre intervalle de temps entre l'apparition de ces quatre folioles périgonéales, il est incontestable qu'elles se montrent à la façon des pétales, et que, par conséquent, elles constituent une corolle. Elles se disposent dans le bouton en préfloraison valvaire, et à toutes les périodes de leur évolution, elles sont entièrement semblables aux pétales d'une Garance ou d'un *Galium*.

Les étamines sont au nombre de quatre et apparaissent aussi simultanément en dedans de chaque pétale. Elles grandissent toutes en même temps et deviennent formées d'un filet libre et d'une anthère biloculaire et introrse. Après leur naissance, le centre du réceptacle qui était à peu près plan, commence à devenir concave, parce que ses bords s'accroissent plus vite que son sommet organique. Telle est l'origine de la coupe réceptaculaire que les botanistes décrivent, en général, comme la portion soudée du périanthe, et sur les bords de laquelle s'insèrent la corolle et les étamines, tandis que le gynécée occupe son fond, c'est-à-dire son sommet véritable. Toute la concavité de ce réceptacle se recouvre plus tard d'une couche glanduleuse, qui non-seulement doit la tapisser jusqu'à l'insertion des pétales et des étamines, mais encore former dans l'intervalle de ces dernières cinq lobes saillants, à sommet obtus.

Le gynécée est d'abord représenté par trois petites feuilles carpellaires, en forme de croissant, qui se regardent par leur concavité. Elles naissent toutes ensemble; deux d'entre elles sont postérieures; la troisième est antérieure. Elles deviennent connées, et s'élèvent ensemble sous forme d'une petite enceinte, dont le bord supérieur porte trois petits festons, premiers rudiments des lobes stigmatifères. Cette enceinte ovarienne est d'abord libre, comme il arrive à cet âge, dans tous les gynécées qui seront plus tard plus ou moins infères (1). Mais peu à peu, l'ovaire devient infère, parce qu'il s'élève assez vite dans sa portion pariétale, tandis que le centre du réceptacle qui est enclos par cette enceinte, subit un arrêt relatif dans son accroissement. Ce n'est qu'après cette sorte d'arrêt, que le sommet inclus du réceptacle commence à s'étirer et à monter dans la cavité ovarienne, pour devenir un long cône dressé, dont le sommet, fort atténué, s'insinue, sans jamais lui adhérer, dans le canal dont est creusée la base du style. Le sommet de ce long cône placentaire ne porte jamais rien, mais c'est près de sa base qu'on voit se produire trois saillies latérales, qui sont autant d'ovules réduits au nucelle. Ils s'allongent tous en demeurant orthotropes, et leur sommet se porte en dehors et en bas, jusqu'à ce qu'ils soient tout à fait suspendus. Chacun d'eux est exactement superposé à une feuille carpellaire (2). Lorsque, par hasard, il entre dans la composition du

(1) Cette liberté primitive du gynécée a été fort bien reconnue en 1856, par A. Henfrey, dans ses recherches si remarquables sur le développement des Santals (*Trans. of Linn. Society*, t. XXII, p. 69, t. 17, 18).

(2) M. A. de Candolle a très bien observé cette superposition des ovules et des branches stylaires, notamment dans le *Santalum angustifolium* (*loc. cit.*, p. 13): « En général, dit-il, entre les feuilles carpellaires et les ovules, il existe dans cette » famille à placenta central une corrélation dont il faut tenir compte lorsqu'on » essaye de se livrer à des théories sur la nature des placentas. » Sans nous livrer à aucune théorie, nous pouvons remarquer que les ovules occupent ici exactement, par rapport aux feuilles carpellaires, la position qu'occuperaient des bourgeons portés sur un rameau, par rapport à leurs feuilles axillantes. Si les feuilles carpellaires jouaient ici un rôle quelconque dans la placentation et portaient, comme on le dit souvent, les ovules sur leurs bords, comme ces bords se sont unis les uns aux autres, sans rentrer vers le placenta central dont ils sont bien écartés, les ovules ne pourraient être situés en face de la ligne médiane des feuilles carpellaires, mais ils alterneraient avec elles.

pistil quatre feuilles carpellaires, on observe également quatre ovules qui leur sont superposés.

On sait à combien de mécomptes s'exposent les observateurs qui, au lieu de rechercher l'apparition même des organes, la déduisent des dimensions relatives de ces organes, considérés très jeunes encore. On peut, par exemple, croire, dans beaucoup de plantes, que les étamines sont nées avant les pétales, parce qu'elles sont, à un âge plus avancé, beaucoup plus longues que les pièces de la corolle, et que celles-ci sont souvent même à peine développées. Les pièces du périgone du *Santalum album*, observées dans les fleurs latérales seulement, quelques jours après leur naissance, pourraient donner lieu aussi à une assez singulière erreur. Les deux pétales postérieurs sont, à ce moment, un peu plus longs que les deux pétales antérieurs, et l'on pourrait croire ces derniers moins âgés. Mais leur moindre taille tient à la compression qu'ils subissent de la part de la bractée axillante. Leur accroissement est alors arrêté pour quelque temps ; mais ils n'en sont pas moins nés en même temps que les pétales postérieurs. Plus jeunes, ils leur étaient tout à fait égaux, et d'ailleurs, cette cause d'erreur étant due à la présence d'une bractée située au côté antérieur de la fleur, doit disparaître dans la fleur terminale qui n'a pas immédiatement de bractées contre elle, et dont les quatre pétales ne présentent en effet, à aucune époque, la moindre trace d'inégalité.

Au delà de l'époque de la floraison, il m'a été très facile de suivre dans des fleurs de *Santalum*, rapportées dans l'alcool par Gaudichaud, l'évolution du sac embryonnaire qu'a si bien décrite W. Griffith, il y a plus de vingt-sept ans (1). A part le développement même de l'embryon, la relation de cet habile botaniste est d'une exactitude achevée. Les cellules de la surface de l'ovule du

(1) *Sur le développement des ovules du* Santalum, *du* Loranthus *et du* Viscum. (Ce mémoire, inséré dans les *Transact. de la Soc. linnéenne de Londres*, t. XVIII, est traduit dans les *Ann. des sciences naturelles*, 2ᵉ série, t. XI, p. 99, t. 3.

Santalum deviennent saillantes, de manière à lui donner l'aspect mamelonné d'une framboise. Une des cellules de l'intérieur, le sac embryonnaire, prend un énorme développement, et écartant les cellules du sommet de l'ovule, c'est-à-dire de l'extrémité inférieure de ce corps, sort sous forme d'un long boyau conique qui se recourbe sur lui-même, et s'infléchit au sortir du nucelle. Je l'ai vu alors s'appuyer contre la surface convexe du cône placentaire, en dedans de l'ovule, et monter à mesure qu'il s'allonge, le long de ce placenta sur lequel il s'applique si exactement qu'il se creuse dans son tissu un sillon superficiel où il demeure incomplétement incrusté. Le sillon qu'il occupe ainsi est tantôt à peu près vertical, tantôt légèrement contourné en spirale. Lorsque le sac embryonnaire a acquis huit ou dix fois la longueur même de l'ovule, en se portant de bas en haut à la rencontre des tubes polliniques, ceux-ci, qui marchent en sens contraire, le rejoignent non loin du sommet du placenta. Là, un ou deux tubes s'appliquent par leur extrémité contre le sommet du sac, et paraissent lui adhérer en ce point. Il y a alors au sommet de ce sac une masse allongée qui représente probablement la vésicule embryonnaire, et vers la base du processus que forme le sac, des masses qui représentent, je suppose, les antipodes.

L'allongement des sacs embryonnaires au dehors des ovules est si rapide, qu'il commence seulement dans des boutons adultes, dont la taille porte à croire qu'ils se seraient épanouis après deux ou trois jours. Dans un même ovaire, j'ai vu tous les ovules produire ainsi simultanément leurs sacs embryonnaires au dehors.

VI. Après avoir étudié le développement du *Santalum*, j'ai entrepris de suivre celui des *Thesium*, qui n'est guère plus inabordable. J'ai reconnu que je m'étais trop laissé effrayer par ce que dit M. de Candolle des difficultés que présente cette étude. Il est fort aisé de voir, sans aucun doute possible, que l'apparition des cinq folioles périgonéales est parfaitement simultanée dans les *Thesium humifusum* et *alpinum*. Jamais calice ne s'est développé de cette façon. Des cinq folioles qu'on rencontre d'ordinaire, une est antérieure, deux sont latérales et deux postérieures. Leur préfloraison est valvaire. Les étamines apparaissent aussi toutes en même temps. Mais j'ai été fort longtemps avant de découvrir les premiers développements de l'ovaire, et voici pourquoi.

Après avoir produit les pétales et les étamines, le réceptacle continue de s'allonger au centre de la fleur, sous forme d'un gros dôme un peu conique. Pendant longtemps, on cherche près du sommet de ce dôme l'apparition des feuilles carpellaires, tandis qu'elles sont déjà nées autour de la base du cône, en dedans du pied des étamines qui les cachent. Or la paroi ovarienne se montre en ce point sous forme d'un anneau circulaire entier, comme dans beaucoup de Primulacées. Plus tard, ce bourrelet monte en forme de sac, et c'est son sommet rétréci qui devient le style. Quant au cône central, de nature réceptaculaire, c'est lui qui s'allonge alors en placenta libre, et c'est sur lui que naissent les trois ovules, dont un antérieur, et deux postérieurs. Mais, comme les ovules naissent vers le haut du placenta, et que la portion appendiculaire de l'ovaire en est tout à fait indépendante, il n'est jamais possible à un observateur qui a constaté ces faits, de croire à la nature foliaire du placenta dans ces plantes.

Il n'est pas sans intérêt de remarquer la grande différence qu'il y a au début entre la portion appendiculaire du gynécée, dans deux plantes d'ailleurs si voisines par tous les traits de leur organisation, que le *Santalum* et le *Thesium*. Dans le premier, les sommets des feuilles carpellaires sont indépendants les uns des autres; dans le dernier, ils sont confondus dans un bourrelet unique et très entier. Leur nature est cependant la même dans les deux genres, et c'est ce qui démontre l'erreur des botanistes qui n'admettent pas l'origine carpellaire d'une enceinte ovarienne, par cela seul que, dans certains cas, ils la voient ou croient la voir naître sous forme d'un anneau continu.

VII. Toutes les fois qu'il m'a été possible de suivre l'apparition du périanthe dans des fleurs conservées en herbier, et appartenant à des plantes de la famille des Santalacées, des Loranthacées, des Olacinées, j'ai vu l'apparition simultanée de toutes les pièces qui composent ce périanthe. On la constate facilement dans les *Arjona* et les *Quinchamalium*, plantes dont l'organogénie florale peut être faite en entier sans difficultés, sur des échantillons secs; dans les *Choretrum*, les *Myoschilos*, les *Leptomeria;* dans les *Olax* à fleurs distiques, où l'on trouve tous les âges dans une même inflorescence. J'ai encore observé cette apparition simultanée des pièces du périgone dans les *Groutia* du Sénégal; dans l'*Opilia acuminata* Wall. et les *Leptonium* qui sont congénères. M. Decaisne a reconnu également que les folioles du périgone du *Viscum* naissent toutes en même temps, quoiqu'il les considère comme des sépales (1).

Nous reconnaissons à ce caractère que le périgone de toutes ces plantes n'est pas un calice, car l'apparition simultanée n'appartient pas aux folioles de ce verticille floral.

VIII. Si l'étude organogénique démontre que les Santalacées, Olacinées, Loranthacées sont pourvues d'une corolle seulement, toutes les fois que leur périanthe est simple, il nous reste à examiner une seconde question qui est celle-ci : Ces plantes ont-elles aussi un calice, et leur périanthe peut-il être double?

Cette question se trouve en grande partie résolue par les observations des botanistes qui n'admettent qu'un périanthe simple chez les Loranthacées, Olacinées, Santalacées, etc., tout en refusant de considérer comme un calice véritable l'espèce de bourrelet ou de collerette qui entoure le verticille unique du périgone. C'est un simple renflement pédonculaire, analogue à la cupule qu'on observe sous le périanthe double des *Escholtzia*. R. Brown a appelé cet organe un *calycule*, expression à laquelle MM. Decaisne et Planchon ont préféré celle de *calycode*.

(1) *Bull. de la Société botanique de France*, t. II, p. 89.

Rien n'est plus juste que cette interprétation. Ce renflement d'un axe, d'un réceptacle, quoique situé sous la fleur, n'en est pas moins tout à fait analogue aux disques qui dépendent d'une hypertrophie de l'axe sur lequel sont portés les verticilles floraux. Ce renflement a cela de commun avec tous les disques, qu'il se produit tardivement. C'est ce que nous avons observé dans les plantes qui nous occupent, toutes les fois qu'il nous a été possible d'en suivre l'évolution. En général, la corolle est déjà assez développée, sans qu'il y ait encore trace de ce bourrelet saillant.

Comme le réceptacle floral présente des formes très variées, comme d'ailleurs la portion de ce réceptacle qui s'épaissit de la sorte, est plus ou moins étendue, ce gonflement se présente à nous avec un aspect très variable. Dans les fleurs des *Leptomeria*, par exemple, il y a un moment où tout le réceptacle floral s'épaissit d'une manière uniforme. Ce réceptacle a la forme d'un cône à sommet inférieur, et il constitue la paroi convexe de l'ovaire infère. Sur son bord supérieur s'insèrent les pièces du périgone. Comme ces pièces ne prennent aucune part à l'épaississement qui se produit dans toute la paroi réceptaculaire, une ligne circulaire parfaitement continue se trouve à la limite de l'épaississement, indiquant le point exact de démarcation du périanthe et de la portion axile que quelques botanistes considèrent encore comme la partie adhérente du calice.

Dans le *Choretrum*, ce revêtement extérieur de l'ovaire, dû, comme dans le cas précédent, à un épaississement réceptaculaire, dépasse un peu le point d'insertion des folioles périgonéales, mais seulement dans l'intervalle de ces folioles; il en résulte cinq petites dents peu saillantes. En même temps, comme le tissu de ces dents arrive à différer très nettement par sa consistance du tissu plus profond de la paroi réceptaculaire de l'ovaire, la couche superficielle se détache assez facilement de la couche subjacente et l'on peut prolonger par une légère traction la séparation artificielle de cette espèce de faux calice, jusqu'à la base de l'ovaire. La production de cette couche charnue à sommet denticulé, est d'ailleurs tardive, comme celle de l'étui ovarien du *Leptomeria*. Il est presque inutile de faire remarquer qu'il ne faut pas confondre cet épaississement épicarpique et les cinq dents qui le surmontent, avec les folioles ou bractées qui forment autour de la fleur du *Choretrum*, un involucre analogue à celui des *Quinchamalium*, mais qui s'insèrent sur le pédoncule floral, au-dessus de la base de l'ovaire.

Dans le *Myoschilos oblonga* R. et Pav, il y a également un léger gonflement du réceptacle en dehors de la corolle, mais le bord de cet épaississement est à peu près entier, comme dans les *Leptomeria* ; sa formation est d'ailleurs aussi fort tardive. Dans l'*Arjona*, nous avons vu cet épaississement du sommet du réceptacle floral se combiner avec celui de la partie supérieure de l'ovaire et descendre au dehors sous forme de cinq prolongements charnus et rougeâtres qui semblent continuer inférieurement la nervure médiane des pétales. Il y a enfin beaucoup de Santalacées proprement dites qui sont dépourvues tout à fait de ce bourrelet pédonculaire.

Chez les *Viscum*, les *Lepidoceras*, les *Myzodendron*, ce bourrelet présente également la forme d'un anneau. Dans le *Loranthus* il est tantôt entier ou légèrement sinueux sur son bord, comme dans le *L. europæus*, tantôt plus élevé, aminci et plus ou moins déchiqueté dans sa partie supérieure. Dans les *Nuytsia*, il est d'abord presque entier, puis il s'allonge inégalement, de manière à former des dentelures inégales à bords tranchants et à sommet aigu. Dans les plantes diclines de ce groupe, il existe en général aussi bien à la base des fleurs mâles que des fleurs femelles, même en l'absence de tout périanthe, comme dans les *Myzodendron*.

Telle est également l'origine de la portion charnue qui accompagne la base du fruit dans les *Exocarpos* et qui lui donne parfois quelque ressemblance avec celui des *Podocarpus*. L'épaississement n'est pas borné à une simple surface annulaire ; il s'étend plus ou moins loin sur le réceptacle floral et comme d'ailleurs l'ovaire est plus ou moins infère dans ce genre, on voit une portion variable du sommet du fruit véritable, qui surmonte la masse succulente formée par le réceptacle (1).

Dans le groupe des Opiliées, le même bourrelet pédonculaire se rencontre d'ordinaire, mais sa situation par rapport aux divers organes floraux a changé, parce que la forme du réceptacle n'est plus la même. C'est ce qui arrive aussi pour les disques qui accompagnent les ovaires. Hypogynes alors que le réceptacle est convexe, ils deviennent peu à peu périgynes, puis épigynes, à mesure que ce réceptacle se creuse et que son bord se relève davantage. Dans les *Opilia*, ce n'est qu'un petit anneau qu'on observe au-dessous de la corolle et du pistil. Dans les *Olax* et par conséquent dans les *Pseudaleia* de Dupetit-Thouars, l'anneau s'élève davantage et produit une sorte d'enceinte en forme de cupule à parois amincies dont le bord libre est ou très entier, ou sinueux, ou finement cilié. Il est facile de constater sur les fleurs de certains *Olax*, tels que les *O. stricta*, *Benthamiana*, *imbricata*, que cette cupule n'est produite qu'assez longtemps après le périgone, de même que l'anneau des *Loranthus* ou des *Opilia* et qu'elle est toujours entière à son premier âge.

Ce n'est pas d'ailleurs seulement vers le bord supérieur de la coupe réceptaculaire qu'il forme, que l'axe floral peut ainsi s'hypertrophier, mais bien au-dessous ou autour de tous les appendices dont il est chargé. De même qu'un rameau foliifère peut s'épaissir tardivement au voisinage d'une feuille qu'il porte, de même l'axe floral peut se tuméfier sous le périanthe, comme dans l'*Escholtzia* ou les Loranthacées; ou entre le calice et la corolle, comme dans les *Chironia;* ou entre la corolle et l'androcée, comme dans l'*Astrocarpus* (2); ou immédiatement en dehors du pistil, ainsi qu'il arrive dans tous les cas du disque hypogyne, périgyne ou épigyne; ou encore en dedans même des feuilles carpellaires, sous les ovules, comme dans le *Coris monspeliensis*, où

(1) R. Brown a parfaitement reconnu ce fait, lorsqu'il dit (*Prodr. fl. Nov.-Holl.*, 352) : « *receptaculum auctum et baccatum* Exocarpi. »

(2) Payer, *Éléments de botanique*, p. 228.

il y a un disque intra-ovarien; ou sur toute la hauteur du placenta qui s'hypertrophie dans l'intervalle des ovules, et après leur naissance, comme dans les Myrsinées.

Lorsque cet épaississement a lieu immédiatement sous une fleur dont le gynécée est supère, on peut le prendre facilement pour un verticille du périanthe, si d'ailleurs le périanthe n'est pas déjà complet, comme dans les *Escholtria*. C'est même là ce qui a causé l'erreur de beaucoup d'observateurs, dans les Olacinées dont le périanthe est simple. Mais dans les plantes à ovaire infère, si ce renflement vient à se produire sous l'ovaire, et plus bas que lui, l'illusion n'est plus possible, car le véritable périanthe est inséré au sommet de la coupe réceptaculaire, et il a alors entre lui et le faux-calice toute la hauteur de l'ovaire. C'est ce qu'on observe, par exemple, dans quelques Araliacées, et en particulier dans l'*Aralia edulis*. Sous l'ovaire, le pédicelle floral s'y dilate à un âge assez avancé, en une petite cupule à parois minces, dont le bord est finement cilié. Le périanthe qui est supère existe longtemps avant que cette cupule hypogyne apparaisse.

Telle est peut-être l'origine de la coupe souvent désignée sous le nom de calice dans quelques Olacinées, et qui accompagne la base de la fleur, sans présenter la même insertion que le périgone, dont elle est séparée par un intervalle variable. Si nous étudions, par exemple, un *Anacolosa* (1), nous verrons que l'ovaire est semi-infère par rapport à l'insertion de la corolle, ce qui veut dire que le réceptacle a la forme d'une écuelle, dont les bords donnent insertion aux pétales, tandis que l'ovaire en remplit la concavité par sa moitié inférieure. Or, c'est tout à fait sous l'ovaire que se trouve la coupe qu'on désigne sous le nom de calice. Si cette désignation était exacte, le calice serait hypogyne, la corolle étant périgyne. Dans quelques plantes voisines de celle que nous étudions, l'insertion de la corolle devient épigyne, le

(1) Les faits qui suivent sont observés sur l'espèce d'*Anacolosa* qui a été distribuée dans les collections javanaises de Zollinger, sous le n° 699.

prétendu calice demeurant toujours hypogyne. Ce dernier occupe donc d'une manière constante le même plan que la cupule complémentaire qui est sous l'ovaire de l'*Aralia edulis*, et probablement sa signification morphologique est la même.

Combien cette cupule ne devient-elle pas plus difficile à distinguer d'un calice véritable, lorsque, le réceptacle changeant de forme, le périanthe véritable devient hypogyne, et s'insère comme elle et à côté d'elle, sous l'ovaire! C'est ce qui arrive dans les *Cathedra*, où M. Miers (1) décrit ce même organe comme un calice à dents courtes. Nous pensons, ainsi que nous l'avons déjà dit, que l'organe considéré comme une corolle dans le *Cathedra*, est réellement une corolle; nous ne partageons pas l'opinion de MM. Decaisne et Planchon qui en font un calice, mais nous ne considérons point comme un véritable calice la cupule extérieure, car elle est pour nous le même organe que l'enveloppe complémentaire insérée sous l'ovaire, dont nous venons de parler dans l'*Anacolosa*.

L'étude complète des développements pourra seule nous apprendre si cette coupe surajoutée est toujours de nature purement axile; si, lorsqu'elle devient profondément lobée, comme cela a lieu dans plusieurs Olacinées de l'ancien continent, il n'intervient pas d'organes appendiculaires dans sa constitution. Son existence n'empêche pas le réceptacle floral de produire plus haut qu'elle, au niveau de la partie supérieure de l'ovaire, un ou plusieurs bourrelets semblables à celui qui surmonte l'ovaire du *Myzodendron*. C'est ce qui se voit très nettement, par exemple, dans le jeune fruit de l'*Anacolosa Pervilleana*, espèce nouvelle de Madagascar. Tout en adoptant, dans un cas semblable, le nom de *calycode*, créé par MM. Decaisne et Planchon, pour l'un des bourrelets épigynes, correspondant exactement au bourrelet du *Myzodendron*, on pourrait peut-être employer le nom d'involucre pour la cupule hypogyne, qui n'est certainement pas le même organe.

(1) *Contributions to Botany*, t. I, p. 9.

Il est d'ailleurs fort remarquable que, dans tout ce groupe de plantes, les organes axiles puissent très souvent prendre l'apparence d'appendices ; ils peuvent se découper en lobes, en languettes, de forme et de taille variables. Si l'on pouvait voir naître ces lobes, on observerait probablement, dans tous les cas, qu'ils n'étaient pas indépendants les uns des autres au premier âge. Mais en l'absence de toute observation organogénique, quelques questions demeurent encore en litige. Peut-être même faudrait-il conserver encore quelques doutes sur la nature vraiment calicinale des folioles qui entourent la corolle dans la fleur femelle du *Buckleya*, ou dans la fleur hermaphrodite du nouveau genre *Lavallea*, dont il sera question un peu plus loin. L'imbrication de ces folioles dans le bouton milite encore en faveur de leur nature calicinale, mais pour nous, la question n'est pas encore jugée d'une manière irrévocable (1).

IX. Si donc il n'y a pas de calice véritable dans ces plantes, ou si, du moins, cet organe manque dans le plus grand nombre des cas, il faut admettre que les fleurs peuvent aussi bien être *asépales* qu'apétales. Or l'*asépalie* est considérée théoriquement comme impossible, suivant la doctrine d'A. L. de Jussieu. Toutes les fois que le périanthe se trouve réduit à un verticille unique, les botanistes admettent que ce verticille représente un calice. M. A. de Candolle est le premier qui, à propos des Santalacées, ait osé rompre ouvertement avec cette opinion unanime, et il n'est pas impossible qu'il en soit blâmé.

Il n'est cependant pas illogique d'admettre en théorie que le verticille calicinal peut manquer dans une fleur, aussi bien que

(1) Quant à la cupule d'origine axile des *Olax*, un fait tératologique qui confirme, jusqu'à un certain point (mais à posteriori), l'opinion qui regarde cet organe comme indépendant de la fleur elle-même, c'est qu'on trouve quelquefois deux fleurs renfermées dans la même cupule, chez l'*O. multiflora* A. RICH. Nous disons que l'anomalie ne confirme le principe qu'à un certain degré, parce que tout est possible en fait de tératologie. Le périanthe extérieur d'une Digitale est bien certainement un calice, et cependant nous en avons un sous les yeux qui renferme deux corolles et deux gynécées.

tous les autres verticilles. Puisque, dans les fleurs nues, les sépales peuvent manquer en même temps que les pétales, pourquoi ne disparaîtraient-ils pas quelquefois, alors que la corolle ne fait pas défaut? Cette absence du calice ne nous paraît même pas devoir constituer un caractère important au point de vue de la classification. On n'éloigne pas les Saules des Peupliers, pour ce motif que les premiers ont les étamines nues, tandis qu'elles sont entourées d'un calice dans les derniers. Je sais bien qu'on a, dans cette famille si naturelle, fait disparaître toute trace de difficulté, en supposant que le Peuplier n'a pas de périanthe; mais c'est là encore une théorie contraire aux résultats de l'observation directe, et qui ne modifie pas la véritable nature des faits. Il est probable qu'un jour on n'hésitera pas à confondre dans un même genre certaines espèces sans calice, et certaines espèces pourvues d'un calice, comme on y réunit actuellement sans difficulté des plantes apétales et des plantes à corolle bien développée.

Il faut d'ailleurs faire à ce sujet quelques distinctions. Il y a des fleurs dans lesquelles la corolle est presque nue et seulement entourée à sa base d'une cupule très courte, ou d'un simple bourrelet presque entier et continu, sans que ce bourrelet cesse de représenter un véritable calice. C'est ce qui arrive dans plusieurs Éricinées (1), Ombellifères, Araliacées, etc. Dans ces plantes, le calice est plus grand que la corolle à un certain âge; il apparaît avant elle, et souvent alors les pièces qui le composent sont très distinctes les unes des autres. Mais à une certaine époque, elles subissent un arrêt de développement tel, qu'on peut ne presque plus les apercevoir. Les bourrelets pédonculaires ne sont pas dans ce cas. Outre qu'ils apparaissent d'une manière tardive, ils sont entiers d'abord, et ce n'est qu'ultérieurement qu'ils deviennent quelquefois lobés.

(1) Ainsi, tandis que le *Rhododendron hirsutum* a cinq sépales assez développés, le *Rh. ferrugineum* a un calice si peu développé, qu'on le croirait nul à l'état adulte sur certaines fleurs. Au premier âge, cependant, les sépales existent dans l'une et l'autre espèce et sans différence de taille.

A ces caractères, on reconnaîtra que l'*asépalie* est relativement fréquente, et qu'elle n'est guère plus rare que l'apétalie. M. de Candolle regarde comme asépales les Olacinées, Santalacées, Loranthacées et Protéacées. Nous avons placé dans la même catégorie les *Monotropa*, et nous croyons qu'il y faut faire rentrer une partie des Rubiacées et la plupart des Synanthérées, Dipsacées, Valérianées, sans parler des plantes qui ne possèdent aucune espèce de périanthe.

La théorie dite des ovaires *adhérents* a introduit dans la science un grand nombre d'erreurs, et elle en produit encore de nos jours, quoiqu'elle soit généralement considérée comme inadmissible. On sait qu'elle a pu aller jusqu'à faire regarder comme infère un ovaire complétement supère et libre, grâce à l'hypothèse d'un revêtement intimement soudé avec le gynécée, et représentant la portion adhérente d'un calice dont la partie libre était supposée réduite à rien. C'est elle encore sans doute qui fait décrire, dans les *Myzodendron*, le petit anneau charnu qui encadre le haut de l'ovaire, comme le limbe d'un calice dont toute la portion inférieure serait soudée avec le gynécée. Or nous savons (p. 333) que cet anneau ne peut être que le renflement pédonculaire signalé par MM. Decaisne et Planchon, sous le nom de *calycode*.

Dans les Rubiacées, ce renflement axile a souvent aussi été considéré comme un limbe calicinal. Et lorsque le renflement n'existe pas, car il y a bien des réceptacles et des pédoncules qui ne subissent aucune de ces hypertrophies, la théorie et l'analogie font décrire ce limbe comme très court, comme *subnul*, expressions auxquelles il faudrait simplement substituer celle de calice nul, ou de fleur asépale. Où se trouve, par exemple, le calice de la Garance, de l'Aspérule, du Gratteron? Sa portion adhérente n'a jamais existé; ce qu'on désigne sous ce nom, c'est une coupe réceptaculaire en forme de sac creux. Quant à sa portion libre, elle est tout aussi imaginaire. A aucun âge, on ne voit la moindre trace de folioles calicinales sur le réceptacle floral. Et lorsque les fleurs deviennent unisexuées dans ces plantes, comme le pédoncule floral ne se creuse plus en coupe pour circonscrire une cavité ovarienne qui n'existe pas, ce gonflement marginal n'a plus raison d'être, et l'on voit la fleur mâle commencer par des pétales qui couronnent directement un petit axe cylindrique, sans renflement, sans bourrelet, en un mot, sans apparence aucune de calice.

Or l'absence du calice n'a pas, chez les Rubiacées, grande valeur au point de vue de la classification naturelle, puisque beaucoup de genres de cette famille présentent des sépales très développés, aussi grands même parfois que les feuilles caulinaires, comme cela peut s'observer dans quelques Cinchonées. Il y a même des fleurs pourvues de sépales dans le groupe des Aspérulées, quoique le fait ne soit pas peut-être aussi constant qu'on l'admet généralement. Je ne suis pas persuadé, par exemple, que le *Sherardia* soit, plus que l'*Asperula*, muni d'un véritable calice. Ces six folioles qui se trouvent en dehors de sa corolle, pourraient bien n'être que deux bractées opposées, accompagnées chacune de leurs stipules latérales. L'ovaire infère qui porte ces bractées n'est en somme qu'un rameau. Les deux bractées latérales et stériles qui accompagnent la fleur pourraient bien avoir été soulevées avec lui et se trouver ainsi insérées près de son extrémité supérieure, comme cela se voit sur bien d'autres ovaires infères, et de la même façon que les pédicelles des fleurs mâles latérales du *Vaillantia* sont portés à une certaine hauteur sur les côtés du rameau ovarien, au lieu de s'en séparer à sa base.

Parmi les Valérianées, il n'y a pas non plus de véritable calice. Dans les *Patrinia*, les *Valeriana*, les *Centranthus* et les *Fedia* (1), on regarde la corolle comme se développant avant le calice. Il est vrai, en effet, que la corolle est le premier organe floral qui naisse dans ces plantes, mais elle représente aussi à elle seule tout le périanthe. Les collerettes qui l'entourent et qui sont parfois décomposées en un grand nombre de languettes, comme dans le *Centranthus*, sont des bourrelets pédonculaires

(1) Payer, *Traité d'organogénie comparée de la fleur*, pl. 130, 132.

analogues à ceux des Loranthacées. Leur apparition est tardive, et ils sont représentés à leur premier âge par un simple anneau continu. Quoiqu'on les désigne d'ordinaire sous le nom de calice, ils n'appartiennent pas plus aux verticilles normaux de la fleur que les languettes dont se recouvre à un âge déjà avancé la cupule des Chênes, languettes dont le mode de production est le même.

Il en est de même des Composées et des Dipsacées. Leur corolle apparaît la première, et c'est bien plus tard, au-dessous d'elle, que le réceptacle floral se renfle, dans un grand nombre de genres, en un anneau d'abord continu et présentant partout la même épaisseur. Dans quelques-uns, ce bourrelet ne se forme même jamais, et alors il n'y a aucune apparence de calice. Dans d'autres enfin, il se prolonge en saillies inégales, et constitue l'aigrette dont le fruit se trouve couronné. Mais, à son apparition tardive et à son intégrité primitive, on reconnaît toujours que l'aigrette n'est pas plus un calice que la cupule des *Olax*. Les Synanthérées et les Dipsacées ont donc, selon nous, des fleurs asépales.

X. Les rapports de position des organes constituent, en général, un caractère de quelque valeur pour la détermination des parties. Dans les plantes que nous étudions, la situation des pièces du périgone est ordinairement celle qu'affectent des pétales et non des sépales. Si l'on observe, par exemple, une fleur trimère d'*Anthobolus*, on verra qu'une des pièces du périanthe est antérieure, les deux autres étant postérieures. S'il s'agissait d'un calice, on s'attendrait plutôt à ne trouver qu'un sépale du côté de l'axe. De même, dans une fleur d'*Arjona*, par exemple, il y a un lobe antérieur, deux latéraux et deux postérieurs. C'est la situation ordinaire des pièces d'une corolle pentamère, à moins que la fleur ne soit résupinée. Il n'y a pas de motifs pour supposer que cette résupination existe dans la plupart des fleurs très régulières des Olacinées, Santalacées, Loranthacées. Nous ne savons pourquoi la résupination se rencontre plutôt dans les types irréguliers, ainsi dans les Lobéliacées, les Rhododendrées, les Fagréacées, qu'on peut considérer comme des formes irrégularisées des Campanules, des Bruyères, des Gentianes. De même, M. Alph. de Candolle a reconnu que dans les Santalacées tétramères, il y avait ordinairement un sinus du côté de la bractée axillante, et deux folioles postérieures ; situation qui appartient plutôt à une corolle qu'à un calice, et que nous avons déjà constatée pour les pétales des Aspérulées. Il est vrai que cette position n'est pas absolue, puisqu'elle change dans les *Thesidium* où M. de Candolle a fort bien vu deux lobes latéraux, un antérieur et un postérieur. Cette particularité me paraît, je l'avoue, inexplicable ; je ne puis toutefois m'empêcher de remarquer que si l'une des pièces du périanthe disparaît dans les *Thesidium*, ce qui est assez fréquent dans les *T. strigulosum* et *leptostachyum*, c'est précisément la postérieure, de sorte que la position des parties redevient ce qu'elle était dans les *Anthobolus*.

XI. La corolle est parfaitement polypétale dans un grand nombre de genres. Ailleurs son tube est d'une seule pièce, dans une grande étendue, comme dans les *Quinchamalium*, dont le périanthe ressemble beaucoup à celui des Thymélées. Entre ces deux extrêmes, on trouve tous les degrés intermédiaires. Souvent peut-être prendra-t-on pour une portion soudée de la base des pétales un réceptacle plus ou moins concave qui supporte la corolle. Cette erreur ne pourra, dans bien des cas, être détruite que par l'observation organogénique. Dans d'autres cas, les pétales véritablement libres entre eux paraîtront comme soudés, parce que les filets aplatis des étamines qui répondent à leurs intervalles, les maintiendront rapprochés les uns contre les autres. Cela ne peut donc arriver que dans les cas où les fleurs n'étant pas isostémones, il y a des étamines, fertiles ou stériles, qui alternent avec les pétales.

La préfloraison de la corolle est ordinairement valvaire. Il y a peut-être une exception pour la fleur femelle du *Buckleya* (1). Il y

(1) MM. A. de Candolle (*Prodr.*, XIV, p. 623) et Torrey sont d'un avis différent

en a certainement une pour le genre nouveau *Stolidia* (1), dont la fleur est hermaphrodite et dont l'ovaire est supère. Dans cette plante, au-dessus d'un calice (?) monosépale à cinq petits lobes obtus, on observe une corolle de cinq pétales libres, hypogynes et nettement imbriqués dans la préfloraison. L'androcée se compose de cinq étamines superposées aux pétales et insérées tout à fait à leur base. L'ovaire ne contient en haut qu'une loge dans l'axe de laquelle se dresse un gros placenta libre portant latéralement quatre ou cinq ovules. A la base de ce placenta, il y a quatre ou cinq loges incomplètes, séparées par des cloisons épaisses et surbaissées, interposées aux ovules. Quant au sommet du placenta, il s'atténue brusquement au-dessus des ovules, en une pointe effilée qui s'insinue dans la cavité d'un style conique à sommet stigmatifère non renflé.

sur la préfloraison du *Buckleya*. Il n'y a point de boutons dans les échantillons que contiennent nos herbiers.

(1) STOLIDIA *gen. nov.*

Char. gener. Flores hermaphroditi regulares. *Calyx?* cupulæformis obtuse 5-lobus. *Corollæ* petala 5 cum lobis alterna hypogyna libera; æstivatione imbricata! *Stamina* totidem petalis opposita eisque haud procul a basi inserta, filamentis brevibus, antheris erectis introrsis 2-locularibus rimis longitudinalibus sublateralibus dehiscentibus. *Germen* superum uniloculare, apice in stylum conicum integerrimum attenuato. *Placentarium* liberum centrale erectum basi crassum, apice abrupte acuminato. *Ovula* 4-5 basi septis incompletis brevibus crassis totidem separata (trophospermum ei *Coridis monspeliensis* haud absimile).

Frutex? mauritianus, foliis alternis simplicibus petiolatis; floribus paniculatis?

Ad *Strombosiam* prope accedit hocce genus inter omnia ob corollam imbricatam conspicuum, quod et in ordine rarissimum ni unicum fit. Sed trophospermi fabrica singularis certe cum *Olacineis* perfecte congruit. Nomen ex æstivatione petalorum (τὸ στολιδοῦν, id est plicatura, imbricatio) desumptum.

STOLIDIA MAURITIANA.

Frutex, ut videtur, ramis teretibus nodosis cortice suberoso inæqualifisso, ramulis novellis teretibus elongatis pube ferruginea undique conspersis. Folia in summis ramulis alterna approximata brevissime petiolata obovata integerrima subcoriacea, supra glabra, subtus ferruginea puberula penninervia venosa, venulis utrinque prominulis (4 cent. longa, 2 cent. lata). Petioli complanati subalati, margine tenuissime crenulato (2-3 mill. longi). Flores in supremis ramulis paniculati, racemis compositis cymiferis.

Viget in Mauritia ubi olim detexit Commerson (v. s. in herb. Mus. parisiensis).

XII. On n'a pas connu jusqu'à ce jour ce qu'on peut appeler le type *Santalacé* complet. Dans l'*Henslowia* et le *Colpoon*, il y a bien isomérisme entre les verticilles de la fleur; mais elle est réduite à un périanthe simple, et elle n'est pas toujours hermaphrodite. Dans le *Buckleya*, on admet un calice et une corolle à la fleur femelle; mais elle n'a pas d'androcée, et la fleur mâle n'a qu'une corolle. Ces types sont toujours incomplets sous quelque rapport. Dans le genre nouveau que je proposerai sous le nom de *Lavallea*, avec l'ovaire infère et le placenta central libre des Santalacées, on observe un calice et une corolle pentamères, des fleurs hermaphrodites et un ovaire quinquéovulé.

La première espèce de *Lavallea* que j'aie observée a été recueillie à Manille, par M. Cuming. C'est probablement un arbuste à feuilles alternes, dont les fleurs, petites et nombreuses, sont groupées dans l'aisselle des feuilles. Chaque fleur est portée par un petit pédicelle qui se renfle à son sommet en un réceptacle concave. Le fond de ce réceptacle est occupé par le gynécée, tandis que le périanthe et l'androcée sont insérés sur ses bords. Le calice se compose de cinq sépales libres jusqu'à leur base, insérés au même niveau, à peu près égaux entre eux, et disposés dans le bouton en préfloraison quinconciale. Il est supère, comme la corolle formée de cinq pétales alternes avec les sépales, plus longs qu'eux et valvaires dans la préfloraison. Le sommet de ces pétales se réfléchit en dehors, lors de l'épanouissement, et leur face interne est chargée de poils dans sa portion supérieure. L'androcée est représenté par cinq étamines épigynes superposées aux pétales. Chacune d'elles se compose d'un filet adhérent dans sa portion inférieure avec le pétale correspondant, et d'une anthère biloculaire et introrse, déhiscente par deux fentes longitudinales. Le gynécée se compose d'un ovaire infère, surmonté d'un style grêle et cylindrique, dressé, dont le sommet se renfle un peu en tête, et se recouvre de papilles stigmatiques. L'ovaire est recouvert d'une couche glanduleuse peu épaisse, constituant un disque épigyne, et dans son intérieur il y a cinq ovules superposés aux pétales et suspendus près du sommet d'un placenta central libre. Dans le fond de l'ovaire, il y a, non plus une seule loge, mais cinq loges incomplètes, correspondant aux ovules, et séparées les unes des autres par des cloisons à bord supérieur oblique, comme celles des *Arjona* ou des *Quinchamalium*.

Je ne puis déterminer d'une manière précise le mode de groupement des fleurs à l'aisselle des feuilles. Sur leur pédicelle, on observe ordinairement à différentes hauteurs quelques petites bractées alternes qui ressemblent assez aux sépales.

A ce genre appartient également le *Strombosia zeylanica* de l'herbier de Peradenia, dont la fleur présente exactement la même organisation, et dont l'ovaire est tout à fait infère, caractère qui sépare très nettement la plante du genre *Strombosia* de Blume (1).

(1) LAVALLEA *nov. gen.*

Flos regularis hermaphroditus. *Perianthium* superum duplex. *Calyx* 5-phyllus, sepalis subæqualibus liberis integris, apice obtuso; præfloratione quinconciali. *Corollæ* petala 5 sepalis alterna eisque longiora inter se æqualia crassa intus pilosa, apice acutiusculo post anthesin reflexo; æstivatione valvata. *Stamina* 5 petalis opposita epigyna, filamentis basi cum petalis coalitis, antheris 2-locularibus introrsis longitudine 2-rimosis. *Ovarium* inferum disco tenui epigyno obtectum basi quinqueloculare, apice uniloculare, placenta centrali 5-ovulifera, ovulis pendulis e solo nucello constantibus loculisque incompletis petalis oppositis. *Stylus* erectus tenuis teres, apice capitato obscure 5-gono stigmatosus.

Frutices foliis alternis simplicibus; floribus in axilla foliorum fasciculatis pedicellatis; pedicellis sub flore paucibracteatis apice incrassatis.

Genus amic. cl. *Alph. Lavallée* dicatum, de re botanica optime, ut sat constat, merito.

1. LAVALLEA PHILIPPINENSIS.

L. fruticosa ? ramis teretibus gracilibus glabris basi nudis, foliis alternis remotiusculis petiolatis ovato-acutis acuminatis lanceolatisve integris glaberrimis membranaceis penninerviis venosis subtus paulo pallidioribus (10 cent. longis, 4-6 cent. latis); petiolis gracilibus glaberrimis supra canaliculatis (2 cent. longis); floribus axillaribus crebris.

Viget in Manilla, ubi legit *Cuming* (Exs., n. 848).

2. LAVALLEA ZEYLANICA.

L. fruticosa ? ramis teretibus crassioribus rugosis striatis; foliis alternis insymetricis subfalcatis lanceolatis basi acutiusculis apice acutis integerrimis coriaceis crassis, supra lucidis lævibus aveniis, subtus pallidis penninerviis venosis (10 cent. longis, 3 ½ cent. latis); petiolis brevibus (1 cent.) supra concavis canaliculatis; floribus plerumque extra-axillaribus in ligno ortis fasciculatis.

Stirps in Zeylana aut indigena aut culta et a cl. *Thwaites* in exs. sub n. 1237 subque nomine *Strambosiæ zeylanicæ* GARDN. distributa.

XIII. Les *Lavallea* ayant un ovaire complétement infère et un périanthe épigyne, on trouve parmi les Olacinées un genre à ovaire supère et à insertion hypogyne, qui d'ailleurs a la même organisation florale, et qui n'en peut être éloigné que dans une classification très artificielle : c'est le *Strombosia*. M. Blume (1) a décrit et représenté le type de ce genre, son *S. javanica*, comme ayant l'ovaire supère et entièrement libre, et nous avons pu constater qu'il en est réellement ainsi.

Le calice (?) est monosépale, épais, coriace, à cinq lobes peu prononcés et un peu inégaux. Il se déjette légèrement en dehors à un âge plus avancé, et représente une sorte de collerette festonnée. La corolle est beaucoup plus longue que lui. Elle est formée de cinq pétales dont la préfloraison est valvaire. L'androcée se compose de cinq étamines superposées aux pétales et insérées sur eux. Leurs filets ont une portion libre assez courte; mais au-dessous du point où ils s'en dégagent, on les voit se continuer sur la corolle en cinq bandelettes saillantes, jusqu'à la base même du périanthe. Les anthères sont biloculaires, introrses et déhiscentes par deux fentes longitudinales. Au niveau du point où les étamines deviennent indépendantes, la corolle présente une sorte d'épaississement intérieur, chargé de poils courts et nombreux. Le gynécée est, comme nous l'avons dit, entièrement supère. Il se compose d'un ovaire à cinq sillons verticaux qui répondent à ses cloisons intérieures, et dans la concavité desquels les étamines se trouvent en partie logées dans le bouton. Cet ovaire est surmonté d'un style pyramidal à sommet stigmatifère obscurément quinquélobé. Sur le style, on observe cinq cannelures peu profondes qui continuent les sillons de l'ovaire, et dans l'intervalle de ces cannelures, il y a cinq saillies obtuses qui répondent aux loges ovariennes et à l'intervalle des pétales. L'ovaire est uniloculaire dans sa partie supérieure, et quinquéloculaire inférieurement, comme l'a constaté M. Blume. Peu à peu les cloisons incomplètes

(1) *Mus. Lugdun.-batav.*, I, 251.

qui séparent les loges les unes des autres, s'élèvent de manière à ne plus permettre aux ovules de se toucher que par leur portion funiculaire d'ailleurs assez courte. A chaque loge répond un ovule suspendu, dont le raphé (1) est extérieur.

L'examen de quelques fleurs assez jeunes me porte à croire que leur calice est formé de folioles véritables, et ne représente pas simplement une expansion pédonculaire consécutive; car sur des boutons longs d'environ un tiers de millimètre, j'ai vu ce calice, déjà bien développé, et aussi grand que les pétales. A cet âge, les étamines ne sont pas encore soulevées avec la corolle; elles en sont sensiblement indépendantes et tout à fait hypogynes. A cette époque encore, l'ovaire est béant par son extrémité supérieure, et les cloisons très surbaissées laissent le sommet du placenta cylindrique tout à fait libre dans une étendue notable. Il est encore facile de voir qu'alors les fleurs sont groupées, dans l'inflorescence générale, en petites cimes bipares et triflores.

Quoique l'ovaire du *Strombosia javanica* soit supère, son fruit est infère. Tel l'a représenté M. Blume, et tel nous l'avons observé dans des échantillons authentiques. L'étude de l'évolution complète du fruit pourra seule rendre compte de cette singulière particularité. Il est probable qu'ici la déformation du réceptacle, par suite de laquelle tout ovaire infère était d'abord supère, ne se produit qu'après la fécondation, au lieu de s'achever entièrement avant l'époque même de l'épanouissement des fleurs (2).

XIV. Les *Strombosia* étant, d'après ce qui précède, des *Lavallea* à ovaire supère, les *Henslowia* (3) peuvent être définis des *Lavallea* asépales. Dans les *Henslowia*, en effet, l'ovaire est in-

(1) Peut-être n'est-ce point un véritable raphé, et l'ovule n'est-il pas réellement anatrope. Il ne s'agit ici que des apparences.

(2) M. Bentham a décrit une espèce douteuse du genre *Strombosia*, sous le nom de *S. grandifolia* HOOK. f., dans le *Niger flora*, p. 258.

(3) *Henslowia* BL. (*Mus. Lugd.-bat.*, I, 243); non *Henslowia* WALL. (*Crypteronia* BL.).

fère, à cinq loges dans sa portion basilaire, uniloculaire près du sommet. De plus, les fleurs sont polygames.

L'*H. heterantha* (1) que M. A. de Candolle (2) ne rapporte qu'avec doute à ce genre, lui appartient d'une manière certaine, par ses ovules, sa placentation et tous les caractères de sa fleur. Celle-ci présente tout à fait la même organisation que l'*H. umbellata* (3), par exemple, comme nous allons le voir.

Dans les fleurs mâles, le réceptacle a la forme d'une coupe concave et ses bords portent cinq pétales dont la préfloraison est valvaire. Intérieurement, la coupe réceptaculaire est doublée d'une couche glanduleuse épaisse qui s'arrête brusquement au niveau de la base des pétales. En ce point s'insèrent cinq étamines superposées aux pétales. Chacune d'elles se compose d'un filet libre, grêle, et d'une anthère biloculaire introrse, surmontée d'un petit prolongement du connectif. Au centre de la fleur, il y a une petite saillie conique qui représente le rudiment du pistil.

La fleur femelle présente à sa base un long ovaire en forme de cône renversé. Cet ovaire est, comme celui des *Lavallea*, infère par rapport au périanthe, qui se compose de cinq pétales valvaires, sans aucune trace de calice. A la base de chaque pétale se trouve une étamine semblable à celle de la fleur mâle, mais plus petite lorsqu'elle est stérile, et à peu près égale en grosseur, lorsqu'elle contient du pollen; ce qui fait que la plante est polygame. Au-dessus de chaque étamine, le pétale porte à sa face interne de petits poils courts, bien moins développés que dans l'*H. umbellata* où ils sont réunis en une languette commune ressemblant à une petite brosse. L'ovaire est couronné d'un disque glanduleux

(1) *H. heterantha* HOOK. f. = *H. frutescens* CHAMP. — BENTH., *Fl. Hongk.*, 299, et *Hooker's Journ.* (1853), 194. = *Viscum heteranthum* WALL. = *V. platyphyllum* SPRENG. (*V. latifolium* HAMILT.) ?

(2) *Prodromus*, XIV, 632, § 2, n. 12 : « *dubia species... ovulis et semine non satis cognitis.* »

(3) *H. umbellata* BL. (*Mus. Lugd.-bat.*, I, 243). = *Tupeia umbellata* BL. = *Viscum umbellatum* BL. = *Thesium spathulatum* BL. = *Dendrotrophe umbellata* MIQ. (voy. *Prodr.*, XIV, 630, n. 1).

pentagonal, dont les cinq sommets font saillie dans l'intervalle des pétales et des étamines. Dans l'intérieur de l'ovaire, on observe cinq cloisons incomplètes, semblables à celles du *Lavallea*, alternes avec les pétales et séparant les uns des autres dans leur portion inférieure cinq ovules suspendus qui se touchent, au contraire, dans la partie supérieure de l'ovaire, qui est uniloculaire. Le style est court, cylindro-conique, puis renflé en une tête qui se divise en cinq lobes stigmatifères superposés aux pétales (1).

XV. A ne considérer que les caractères extérieurs, il n'y a rien de plus analogue à un *Henslowia* qu'un *Exocarpos*, genre que tous les botanistes, depuis R. Brown (2) jusqu'à M. A. de Candolle (3), ont réuni aux *Anthobolus*, pour former le groupe des Anthobolées (4). Les genres *Exocarpos* et *Anthobolus* ne diffèrent l'un de l'autre que par le nombre des parties de la fleur et par l'existence, dans les *Exocarpos*, d'organes mâles rudimentaires autour du pistil et d'un renflement charnu à la base du fruit. Quant à l'insertion du périanthe et des étamines, elle est assez variable dans les *Exocarpos*, et il y en a qui sont presque complétement hypogynes.

Si nous examinons, par exemple, la fleur mâle de l'*E. phyllanthoides*, nous verrons qu'elle est tout à fait celle de l'*Henslowia*, si bien qu'il serait impossible de les distinguer l'une de l'autre. Le nombre des pièces de la corolle varie également de quatre à six. Quant à la fleur hermaphrodite, son réceptacle est concave

(1) Ces caractères sont les mêmes dans les espèces de la section Ire du *Prodromus* (p. 630). Dans quelques-unes d'entre elles, le nombre des ovules peut être moindre que cinq. L'*H. heterantha* n'est pas, il est vrai, parasite, à la manière du Gui, sur les branches des arbres ; mais il pourrait bien l'être sur les racines ou les tiges souterraines ; ce qui demanderait à être vérifié. Le port de toutes ces plantes est exactement celui de la plupart des Loranthacées.

(2) *Prodromus fl. Novæ-Hollandiæ*, I, p. 356 : « *Exocarpos... Santalaceis certe affinis præsertim* Leptomeriæ, *nec habitu dissimilis.* »

(3) *Prodromus*, XIV, 687, Santalaceæ, trib. III.

(4) Dumortier, *Anal. famill.*, 15, 17.

et porte sur ses bords les pétales et les étamines superposées. Souvent les anthères ne contiennent point de pollen ; elles n'en ont pas moins, ainsi que dans l'*Henslowia*, la forme quadrilobée des anthères fertiles. L'ovaire est à peu près supère dans son jeune âge, et, à cette époque, il est béant par son sommet. Il ne renferme qu'une loge, et dans cette loge il y a un seul ovule porté sur un placenta central libre.

M. A. de Candolle, qui s'est occupé en dernier lieu de l'étude des *Exocarpos*, demeure, au sujet de leur ovaire, dans une grande indécision. Il rapporte avoir observé dans la loge, ou un placenta stérile, ou un ovule, ou deux ovules étroits dressés, ou une masse charnue remplissant toute la cavité. Endlicher (1) avait cru voir dans ces plantes plusieurs ovules basilaires. Il avait probablement considéré comme ovules de longues cellules qui se développent au fond de la loge ovarienne.

Ces cellules sont des sacs embryonnaires. Elles se dégagent du centre d'autres cellules basilaires qui forment l'ovule lui-même, un ovule dressé et réduit au nucelle. Les grandes cellules qui constituent ce nucelle sont, surtout à une certaine époque, fort lâchement unies entre elles. Comme leur paroi est en même temps assez résistante, on les sépare assez facilement les unes des autres dans toute leur étendue, sans les déchirer. Quelques-unes d'entre elles, ou seulement une de celles qui occupent le centre du corps ovulaire, s'allongent de bonne heure par leur portion supérieure. Chaque cellule ainsi étirée constitue un grand poil creux qui s'insinue de bas en haut dans l'orifice supérieur de l'ovaire. C'est dans l'extrémité supérieure de ce long sac, c'est-à-dire en haut du canal du style, que l'embryon se forme, absolument comme dans le *Santalum album*.

La fécondation des *Exocarpos* a donc lieu de la même manière que dans les Santals et en même temps que dans les Loranthacées, telles que les *Loranthus*, les *Lepidoceras*, etc., d'après ce que

(1) *Prodromus floræ Norfolk.*, 46.

nous ont appris les magnifiques recherches de M. Hofmeister (1); et la seule différence qu'il y ait entre un *Loranthus* et un *Exocarpos* est seulement celle-ci : que le réceptacle floral devient un peu plus concave dans le premier que dans le second, ou encore, ce qui revient au même, que l'ovaire de l'un est tout à fait infère, tandis qu'il est plus ou moins supère dans l'autre.

On voit qu'il s'agit là d'un caractère différentiel dont la valeur n'est plus admise par les botanistes de nos jours. Ni R. Brown, ni ses successeurs, ni M. A. de Candolle n'en tiennent compte; en effet, puisqu'ils n'hésitent pas à placer les *Anthobolus*, avec leur gynécée supère, parmi les Santalacées dont l'ovaire est presque toujours totalement infère. Si d'ailleurs on prenait en considération ce caractère et celui de l'insertion, l'*Anthobolus* ne pourrait demeurer allié à l'*Exocarpos*, le premier étant hypogyne et le dernier véritablement périgyne. Quant au *Loranthus europæus*, il est épigyne; voilà toute la différence.

Il y a certainement un âge où la fleur de ce *Loranthus* est tout à fait semblable à celle de l'*Exocarpos*. Si la fleur doit être mâle, le réceptacle conservant sa forme convexe, ou à peu près, elle demeure la même dans les deux genres, et je doute fort qu'un botaniste, même le plus expérimenté, puisse d'après cette fleur mâle seule distinguer les deux types. Au contraire, la fleur femelle de l'*Exocarpos* peut être considérée comme un arrêt de développement, par rapport à celle du *Loranthus*. Les bords de sa coupe réceptaculaire s'élèvent un peu moins au-dessus du fond ou sommet organique de cette coupe. Mais tout est d'ailleurs semblable : même périanthe, même androcée, même pistil, même ovule, même mode de développement de l'ovule, des sacs embryonnaires et des graines. Nous avons d'ailleurs montré qu'une fleur d'*Exocarpos* ne peut être distinguée extérieurement d'une fleur d'*Henslowia*. Intérieurement elle diffère au premier abord

(1) W. Hofmeister, *Nouveaux documents destinés à faire connaître la formation de l'embryon des phanérogames*. Traduction partielle dans les *Ann. des sc. natur.*, série 4, XII, p. 9 et suiv.

par le mode de placentation. Il nous faut donc voir si ce caractère est ici de quelque importance réelle.

XVI. Dans l'*Exocarpos* et l'*Anthobolus*, nous avons dit que l'ovule est un corps cellulaire, conique, dressé sur un placenta central libre. Nous allons voir que la placentation du *Cansjera* est à peine différente de celle des plantes précédentes.

La place du *Cansjera* dans la classification naturelle a été fort débattue. Selon MM. Bentham (1) et Decaisne (2), c'est un genre dont les affinités sont très douteuses, et qui, par sa placentation et la structure de sa graine, se range parmi les Opiliées, mais qui s'écarte du groupe des Olacinées par sa fleur monochlamydée et son calice gamosépale. Pour M. Miers (3), les *Cansjera* sont des Thymélées, comme l'ont pensé la plupart des botanistes antérieurs. Enfin, M. Agardh (4) considère les Cansjérées comme un ordre distinct qui sert de transition entre les Santalacées et les Olacinées.

Les fleurs des *Cansjera* sont en épis, et ces épis occupent l'aisselle des feuilles au nombre d'un, deux ou trois. Lorsqu'il y a trois épis, le médian est plus âgé que les deux latéraux, qui sont de seconde génération par rapport à lui. L'axe de chaque épi porte des bractées alternes, et dans l'aisselle des bractées on observe une fleur sessile dont le périanthe est simple. Nous considérons cette enveloppe florale unique comme une corolle monopétale, sans calice. La corolle se divise supérieurement en quatre lobes, dont deux sont antérieurs et deux postérieurs. Leur préfloraison

(1) *Linnæan Transact.*, XVIII, 671.

(2) *Ann. sc. natur.*, série 2, XIX, 37 (*sub* Candjera).

(3) *Ann. of natur. History* (1851, sept.), p. 172.

(4) « *Cansjera*, diu cognita, a Jussiæuo sequentibusque systematicis sine ulla » hæsitatione *Thymeleis* relata fuit. Bentham in propria tribu *Opiliearum* inter » *Olacineas* recepit. Miers vero (Lindl., *Veget. Kingd.*, p. 444) *Cansjeram* iterum » *Thymeleis* revocandam urget. Me judice, analysis pulcherrima, a Decaisne data » (*Voyage de la* Vénus), *Cansjeram Santalaceis* proximam evidenter docet. » (*Theor. syst. plant.*, 238.)

est valvaire. L'androcée est constitué par quatre étamines superposées aux divisions de la corolle. Elles sont libres et hypogynes, et s'appliquent par leurs filets longs et grêles contre le périanthe auquel elles ne sont pas non plus soudées par leurs anthères biloculaires et introrses, quoique de très petits poils assez nombreux retiennent ces anthères comme collées contre les lobes. Sous l'ovaire, il y a encore quatre glandes hypogynes dressées qui vont en s'élargissant de la base au sommet, et dont l'extrémité supérieure est entière ou inégalement tridentée. Ces glandes sont alternes avec les lobes du périanthe et les étamines. Le gynécée est entièrement libre et supère. Son ovaire uniloculaire s'atténue insensiblement en un style légèrement tétragone, dont la tête renflée se partage en quatre lobes alternes avec les divisions de la corolle. Ces lobes sont courts, arrondis, et leur sommet, tourné en dehors, porte une fossette déprimée qui est peut-être de nature stigmatique.

Si l'on ouvre l'ovaire encore jeune, on aperçoit dans son intérieur un petit placenta central, libre et dressé. Puis ce placenta devient légèrement gibbeux sur un de ses côtés, un peu au-dessous de son sommet, et le petit mamelon qu'il porte ainsi latéralement est un ovule réduit au nucelle. Ce nucelle s'allonge d'abord presque horizontalement, après quoi son sommet s'incline en bas, comme chez le *Santalum*, de sorte que l'ovule orthotrope devient suspendu.

Il n'y a donc qu'une fort légère différence entre la placentation d'un *Exocarpos* et celle d'un *Cansjera*. L'ovule, qui est inséré en haut de la colonne placentaire du premier, s'attache un peu plus bas chez le second, et ne pouvant se porter verticalement vers le haut de la loge, incline son sommet vers la partie latérale, puis vers le fond de cette loge. Si l'on suppose que le placenta du *Cansjera* soit soumis à une traction verticale de haut en bas, l'ovule, se redressant, dirigera son sommet vers la partie supérieure de la loge, et se trouvera dressé comme celui de l'*Exocarpos*. C'est à peu près ce qui a lieu dans les Brunnichiées comparées à la plupart des Polygonées, dont elles ne peuvent cependant être séparées à aucun titre. L'ovule orthotrope, qui est dressé au sommet du placenta dans les Polygonées ordinaires, descend de ce sommet dans les *Brunnichia*, sans cesser d'être orthotrope, et lorsque le placenta se raccourcit, après la floraison, la jeune graine, dont la base est attirée en bas, reprend graduellement la direction ascendante. Ailleurs encore, dans une même fleur, de deux ovules fixés sur une colonne placentaire centrale, l'un se dirige en haut, tandis que l'autre descend plus ou moins et se trouve définitivement suspendu.

Le placenta du *Champereia* est très analogue à celui du *Cansjera*. Il n'est pas exactement situé sur l'axe de la cavité ovarienne, mais il se trouve légèrement excentrique. Le développement de l'ovule est facile à suivre dans cette plante. Au premier âge, c'est un petit mamelon sessile qui se montre sur le plancher de l'ovaire, entre le centre et la paroi. Ce mamelon est dressé. Puis il s'allonge, se pédicelle, en s'inclinant par son sommet vers l'axe ovarien. Plus tard donc, la portion apicale dilatée qui est l'ovule, se trouve inclinée sur le sommet du pédicelle plus grêle, qui constitue le placenta ; de sorte que l'ensemble rappelle beaucoup ce qu'on observe dans les *Cansjera*.

Les *Opilia*, et par conséquent les *Groutia*, ont aussi le gynécée des *Cansjera*. Leur placenta porte près de son sommet un ovule descendant et orthotrope, ou plus rarement deux ; mais la colonne placentaire, au lieu de demeurer très grêle, se renfle plus ou moins sous l'ovule ou les ovules, qui se trouvent ainsi comme incrustés à demi dans son tissu.

L'organisation du *Lepionurus silvestris* Bl. est encore très analogue. Le réceptacle floral a dans cette plante la forme d'une cupule profonde sur les bords de laquelle s'insèrent le périanthe et l'androcée, tandis que le gynécée en occupe le fond. Le périanthe est formé de quatre pétales libres, dont deux postérieurs et deux antérieurs ; leur préfloraison est valvaire. Les étamines leur sont superposées et se composent d'un filet court et d'une anthère biloculaire et introrse. Toute la concavité du réceptacle est tapissée d'une couche glanduleuse formant un disque qui se partage supérieurement en quatre lobes alternes aux pétales et aux étamines. L'ovaire est tout à fait libre. Il a la forme d'un sac conique qui s'atténue vers son sommet recouvert de papilles stigmatiques. Dans la loge unique qu'il renferme, on observe un placenta central libre et dressé, semblable à celui des *Cansjera* et des *Opilia*, avec un seul ovule suspendu, et plus rarement deux. Les fleurs sont disposées en grappes chargées de bractées alternes, et à l'aisselle de chaque bractée se trouve une petite cyme de trois fleurs. L'organisation des *Lepionurus* est donc très voisine de celle des *Opilia*. M. Blume (1) pense qu'ils en diffèrent par leur fleur tétramère, les pétales soudés à leur base et leur disque non lobé. A nos yeux, les pétales des *Lepionurus* sont libres, tout comme ceux des *Opilia*. Mais, dans ces derniers, le réceptacle est extrêmement peu développé et sa forme est celle d'un cône surbaissé; tandis que dans les *Lepionurus*, ce réceptacle devient tout à fait concave. Cette différence en entraîne une autre dans la forme du disque. Mais les deux genres n'en sont pas moins très voisins, et il y aurait peut-être avantage à les réunir en un seul.

Cette réunion me paraît inévitable pour les *Leptonium* (2) qui sont certainement congénères des *Lepionurus*. Le réceptacle a la même forme concave dans les uns que dans les autres, et les pétales sont également au nombre de quatre, insérés sur les bords de la coupe réceptaculaire. Les fleurs sont également en cymes triflores, et le placenta porte un ou deux ovules orthotropes, suspendus et réduits au nucelle. Dans le *L. oblongifolium* Griff., les bords de l'épaississement glanduleux qui tapisse la concavité du réceptacle ne présentent que des lobes fort peu saillants dans l'intervalle des étamines.

Nous croyons donc que, dans ce petit groupe très naturel, composé des genres *Opilia*, *Cansjera*, *Champereia* et *Lepionurus*,

(1) *Museum Lugdun.-batav.*, t. I, p. 247.

(2) Griffith, in *Calcutt. Journ. of nat. Hist.*, t. IV, p. 140. — Endlicher, *Genera*, n. 5489[2] (suppl. IV, p. 72).

l'organisation florale étant d'ailleurs tout à fait la même, le réceptacle change beaucoup de forme, se montrant plan ou peu convexe dans les deux premiers genres, prenant la forme d'une écuelle dans les deux derniers. Si l'on suppose que l'ovaire s'élargisse un peu dans les *Lepionurus*, et qu'en même temps l'insertion des feuilles carpellaires se fasse un peu plus haut, au-dessous de celle des étamines, on aura tout à fait la fleur des *Leptomeria* dont l'ovaire est infère, et qui se trouvent, pour cette raison, classés parmi les Santalacées ; mais qui, en réalité, avec le port des Opiliées, ont toute leur organisation florale, et n'en diffèrent que par la forme un peu modifiée du réceptacle.

Dans les *Leptomeria*, le nombre des ovules est variable; ce qui arrive dans toutes les Santalacées et les Olacinées, depuis les *Henslowia* et les *Strombosia*, qui en ont cinq ou six, jusqu'aux *Anacolosa* et aux *Pyrularia*, qui n'en ont que deux, et les *Anthobolus*, qui n'en ont plus qu'un seul, comme les *Exocarpos* et les *Loranthus;* mais le mode de placentation est toujours le même.

Ainsi, dans les *Pyrularia*, la direction des ovules varie d'une espèce à une autre, et, dans une même espèce, aux différents âges. Dans le *P. edulis* (1), j'ai observé la naissance des ovules sur le sommet du placenta. Celui-ci est alors une colonne courte et dressée dont le sommet est obtus, comme chez les *Exocarpos* et les Loranthacées. Une légère dépression horizontale se manifeste sur ce sommet, de manière à le partager en deux lobes courts qui sont les deux ovules. Ceux-ci sont donc d'abord dressés, comme celui du Gui. Plus tard ils s'écartent un peu l'un de l'autre par leurs sommets qui divergent, et, dans d'autres espèces du même genre, telles que le *P. pubera* MICHX, les ovules adultes peuvent s'être réfléchis davantage, au point que leur sommet regarde tout à fait en bas. Il importe d'ailleurs fort peu pour la fécondation. Il est probable, d'après ce que nous savons de quelques-unes de ces

(1) *P. edulis* A. DC., *Prodr.*, t. XIV, p. 628. = *Sphærocarya edulis* WALL. = *Scleropyrum edule* WIGHT et ARN.

plantes et d'après la direction constante de la radicule de l'embryon, que le sac embryonnaire est tantôt rectiligne, tantôt coudé, mais que toujours son sommet se dirige vers le sommet de la loge, comme il arrive dans le groupe des Urticées, pour le micropyle, quelle que soit la direction de l'ovule lui-même.

Entre la direction ascendante et la direction descendante de l'ovule, il y a d'ailleurs des intermédiaires, et le *Buckleya* nous en présente un exemple, car les ovules y sont transversaux, du moins à un certain âge. Ces ovules ont été observés par M. Torrey (1), comme insérés au nombre de trois ou quatre sur un placenta central libre. M. A. de Candolle (2) n'a pu apercevoir ce placenta. Il est tel que M. Torrey l'a décrit, occupant l'axe d'une petite loge creusée dans la portion supérieure de l'ovaire. Sur ses côtés j'ai vu, dans une fleur épanouie, trois petits mamelons hémisphériques implantés par une large base sur la colonne placentaire et représentant assez bien la tête de trois clous qu'on aurait enfoncés horizontalement dans cette colonne.

Les dimensions du placenta en longueur et en épaisseur sont, comme on sait, très variables. Dans les Santals, il a la forme d'un long cône portant les ovules près de sa base; dans les *Myzodendron*, il est déjà plus grêle, quoique s'atténuant de même en pointe à son sommet. Dans les *Thesium*, il est cylindrique, tantôt fort court et rectiligne, tantôt grêle, allongé et replié sur lui-même, sans que ces différences de forme paraissent avoir une importance quelconque au point de vue taxinomique. Dans les *Cervantesia*, et en particulier dans le *C. Kunthiana* (3), il atteint bien quinze ou vingt fois la hauteur de la loge ovarienne; il est donc obligé de se replier un grand nombre de fois sur lui-même, à la façon des circonvolutions intestinales. Dans les *Viscum* et les *Exo-*

(1) In *Americ. Journ. of sciences*, t. XLV (1843), p. 170.

(2) « Semen non inveni, nec placentam in 2 floribus apertis. » (*Prodr.*, loc. cit., p. 624.)

(3) *C. tomentosa* K. (*Nov. gen. et sp. æquin.*, t. VII, p. 189) nec R. et PAV. (*Prodr.*, 31). An mera varietas ? (v. s. in herb. Bonpl., ap. Mus. paris.).

carpos, au contraire, le placenta n'est plus qu'une colonne cylindrique et épaisse, aussi surbaissée que possible et dont l'existence est même en quelque façon théorique. Nous allons voir que c'est aussi ce qui arrive chez l'*Anthobolus*.

XVII. R. Brown a considéré les *Anthobolus* comme alliés aux Santalacées, ainsi que les *Exocarpos*. Il a reconnu dans les fruits de ces plantes une graine pourvue d'un albumen et un embryon dont la radicule est supère. Mais il ne s'est pas prononcé sur les caractères intérieurs de l'ovaire. Il nous reste donc là une lacune à combler.

Les fleurs de l'*Anthobolus filifolius* R. Br. sont diclines. Il y a dans les fleurs mâles un rudiment de gynécée; mais nous n'avons pas observé d'androcée rudimentaire dans les fleurs femelles. Les fleurs mâles n'ont pas de calice, mais un périanthe simple formé de trois pétales. Nous les appelons ainsi parce que, si jeunes qu'on les observe, alors même que les étamines commencent seulement à se montrer, ces trois folioles sont parfaitement égales entre elles. Il est donc probable, sans qu'il soit positivement certain, qu'elles naissent simultanément. Elles se disposent dans le bouton en préfloraison valvaire. Les étamines sont au nombre de trois, superposées aux pétales, quelque peu soulevées avec eux, et leurs anthères sont biloculaires et introrses. Au centre de la fleur est le petit rudiment de pistil dont nous avons parlé.

Le périanthe de la fleur femelle est semblable à celui de la fleur mâle, et ses folioles tombent de bonne heure. Autour de lui, le pédicelle de la fleur forme un petit bourrelet ou renflement circulaire très peu prononcé. Le gynécée est tout à fait libre et supère. Il se compose d'un ovaire à paroi épaisse, renfermant une cavité centrale et couronné d'un petit stigmate aplati à trois lobes peu distincts. De la base de la loge unique de l'ovaire, on voit naître, dans un bouton très jeune, un petit mamelon conique formé de cellules lâchement unies et plus allongées dans le sens vertical que transversalement. Elles constituent l'ovule, de même que dans le Gui.

Si donc nous comparons l'*Anthobolus* à un *Lepidoceras* trimère, nous ne trouverons pas d'autre différence entre les deux genres que celle-ci : que le premier a l'ovaire supère, tandis qu'il est infère dans le second. Malgré leurs grandes affinités avec les *Exocarpos* qui les rattachent aux Santalacées, les *Anthobolus* sont donc intimement unis aux Loranthacées, servant de lien commun entre tous ces types qui ne sauraient plus être séparés les uns des autres.

Il est une autre analogie qui ne peut être passée sous silence à propos de l'*Anthobolus*, c'est celle que présente sa fleur femelle avec le prétendu « ovule nu » des Conifères. Si nous comparons, par exemple, la fleur femelle de l'If à celle de l'*Anthobolus*, nous trouvons, des deux côtés, une masse nucellaire donnant naissance aux sacs embryonnaires, puis, autour d'elle, un sac ouvert, pendant une certaine période, par sa partie supérieure. Dans l'*Anthobolus* et le *Viscum*, on l'appelle une paroi ovarienne; dans le *Taxus*, une enveloppe ovulaire. Mais les noms importent peu, du moment que les objets sont tout à fait les mêmes de part et d'autre. Enfin, dans les deux plantes, le sommet du pédoncule floral commence à se gonfler à une certaine époque, pour former un anneau qui devient la cupule dans l'If, et qui demeure fort petit dans l'*Anthobolus* (1). La seule différence réelle, c'est que ce dernier a une enveloppe florale en plus.

Est-il probable que si R. Brown avait connu l'organisation intime de l'*Anthobolus*, il eût regardé tout son pistil comme un simple ovule, aussi bien que celui des Conifères? Le nucelle des Conifères lui paraissait, il nous l'apprend, d'une structure trop peu compliquée pour être considéré comme représentant un ovule tout entier. On ne connaissait pas alors la découverte considérable,

(1) Dans l'*Exocarpos*, d'ailleurs inséparable des *Anthobolus*, cette hypertrophie pédonculaire, dont nous avons déjà parlé, acquiert autant de développement que dans les *Taxus*.

faite l'année suivante par M. Ad. Brongniart (1), d'un ovule réduit au nucelle chez le *Thesium*. Et quand ce fait fut connu, on le considéra longtemps encore comme une exception à peu près unique, tandis qu'il est la règle dans tout le groupe de plantes que nous étudions actuellement et dans bien d'autres encore. « Lorsque, dit » M. Payer (2), R. Brown publia ses considérations sur la fleur des » Conifères, personne n'avait encore observé d'ovules sans enve- » loppes, comme on l'a fait depuis dans les Loranthacées, les » Santalacées, les Acanthacées, etc. D'un autre côté, on n'avait » aucune idée du mode de formation du pistil, et l'on ignorait » qu'à l'origine tout pistil est largement béant, et que ce n'est que » peu de temps avant l'anthèse que son ouverture se ferme. Il » serait donc injuste de juger sévèrement une opinion qui, à cette » époque, pouvait être soutenue avec quelque apparence de » raison... » Il est vrai que B. Mirbel avait une autre manière de voir à ce sujet, et qu'il admettait une paroi ovarienne dans les Conifères. « Malgré la logique avec laquelle elle était déduite, » cette opinion de B. Mirbel ne prévalut point. Presque tous les » botanistes adoptèrent celle de R. Brown, tant les esprits sont » naturellement portés vers le singulier (3). »

Il n'y a pas une ligne de ce qui précède qui ne soit applicable à l'*Anthobolus*.

XVIII. On a beaucoup discuté sur le mode de développement du gynécée des Loranthacées, et en particulier sur celui du Gui. Aujourd'hui, toutefois, deux opinions seulement restent en présence. L'une qui, faisant du Gui une plante tout à fait exceptionnelle, admet que son ovaire est primitivement dépourvu d'une cavité intérieure comparable à une loge : c'est l'opinion de M. Decaisne (4). L'autre manière de voir est celle de M. Hofmeis-

(1) *Ann. des sciences natur.*, sér. 1 (1827), 294, t. XLIII.

(2) *Comptes rendus de l'Académie des sciences*, 9 juillet 1860.

(3) J. Payer, *Leçons sur les familles naturelles des plantes*, p. 62.

(4) *Mémoire sur le développement du pollen, de l'ovule et sur la structure des tiges du Gui* (in *Mém. de l'Acad. royale de Bruxelles*, t. XIII).

ter (1), qui pense que le pistil du Gui se développe comme celui de tous les autres végétaux phanérogames, et que ses feuilles carpellaires circonscrivent un sac d'abord ouvert par la partie supérieure et au fond duquel l'axe placentaire produit un ovule.

Suivant M. Decaisne, l'apparition des ovules est très tardive, et de trois mois au moins postérieure à l'épanouissement des fleurs. « L'observation la plus délicate, dit M. Adr. de Jussieu (2), ne » peut faire découvrir d'ovule ni à ce moment, ni assez longtemps » après ; elle apprend seulement à distinguer, dans la fleur qui a » encore au plus un millimètre de long, le tissu du calice et celui » de l'ovaire plus central soudé avec lui ; et un peu plus tard, dans » l'intérieur de cet ovaire d'abord plein, deux petites lacunes qui » finissent par s'agrandir, se rejoindre et former une loge à parois » continues. Ce n'est que plus de trois mois plus tard que l'on com» mence à apercevoir, au fond de cette cavité comprimée, un très » petit corps pulpeux conoïde, accompagné d'un ou deux filets » plus petits encore, en forme de massue. Ce sont autant d'ovules » dressés... »

L'opinion de M. Decaisne, exprimée dans son célèbre mémoire et généralement professée en France, a été étendue par M. Clos (3) à plusieurs autres plantes, notamment aux *Lepidoceras* (4). Ce botaniste, rejetant l'idée que « toujours l'ovaire est creux au début, offrant une ou plusieurs loges », conclut des observations de M. Decaisne et des siennes, aussi bien que de l'organisation du *Rafflesia*, qu'il y a « plusieurs cas bien avérés d'ovaires pleins au début ».

(1) *Nouveaux documents destinés à faire connaître la formation de l'embryon des Phanérogames*, traduit des *Ann. des sc. nat.*, sér. 4, XII, 22, t. 3, fig. 23-31.

(2) *Rapport sur un mémoire de M. Decaisne concernant la fructification du Gui* (*Ann. des sc. nat.*, sér. 2, t. XIII, p. 292).

(3) *De la nécessité de distinguer deux sortes d'ovaires, les ovaires pleins et les ovaires creux* (*Bull. de la Soc. bot.*, t. I, p. 213).

(4) « *Ovarium in flore juniore oblongo-obconicum, læve, farctum, rarius subexcavatum, exovulatum.* » (*Flor. chil.*, t. III, p. 163.)

XIX. Nous ne saurions assez dire toute notre admiration pour les travaux de M. Hofmeister. Quelles vives satisfactions ne doit point procurer l'étude de la botanique à un savant qui, cherchant sans cesse, trouve toujours et résout successivement les questions les plus importantes et les plus obscures! En suivant pas à pas la formation des fleurs femelles des Loranthacées, M. Hofmeister a vu que le développement de ces fleurs était analogue à celui de toutes les autres plantes phanérogames, que leur ovaire infère était d'abord formé d'une portion axile concave, sur les bords de laquelle se produisaient des feuilles carpellaires, tandis que son fond donnait naissance à un placenta basilaire. Cette opinion nous paraît seule conforme à la vérité, et nous savons depuis longtemps qu'il est très facile de vérifier, sur le Gui, les observations de M. Hofmeister. L'ovaire de cette plante est très largement béant par son sommet dans le jeune âge, avant que l'extrémité supérieure des carpelles le ferme en se rapprochant pour constituer le style; de sorte qu'il y a identité parfaite entre le développement du pistil du *Viscum* et de celui d'une Polygonée, d'une Chénopodée, ou encore de la fleur femelle d'un If ou d'un Sapin.

Quant à l'ovule des Loranthacées, nous admettons entièrement la manière de voir de M. Schleiden, qui regarde la base de l'ovaire du Gui comme un sommet de rameau renfermant dans sa cavité un ovule réduit au nucelle. M. Schleiden assimilait l'ovaire des Loranthacées à celui des Conifères, dont il différerait « en ce qu'au lieu d'être libre, il serait infère »; cette différence disparaît même dans les *Anthobolus* dont le gynécée est libre.

M. Hofmeister ne pouvait d'ailleurs que se ranger à l'interprétation de Meyen, relativement à l'interprétation des corps étroits et allongés qui de la base de l'ovaire s'élèvent dans le canal du style. Ces corps, que M. Decaisne (*loc. cit.*, 25) considère comme des ovules, sont des sacs embryonnaires tout à fait comparables à ceux que M. Hofmeister décrit dans les *Loranthus*, les *Lepidoceras*, à ceux qu'on observe dans les *Exocarpos*, les *Santalum*, etc. Comme un sac embryonnaire n'est qu'une des cellules intérieures du nucelle, considérablement accrue à un certain moment et possédant alors la faculté de développer dans son intérieur un jeune embryon; comme en même temps le nombre des cellules susceptibles de prendre à un certain âge ce grand développement, ne se trouve pas forcément limité, il peut y avoir dans le Gui plusieurs sacs embryonnaires et plusieurs embryons. Duhamel en a vu quatre; M. Decaisne n'en a jamais rencontré au delà de trois; j'en ai trouvé plusieurs fois quatre cette année, et j'ai sous les yeux une graine en germination qui en contient cinq.

XX. Les conclusions de ce premier mémoire sont faciles à formuler. Elles sont les suivantes :

Les *Myzodendron* et les *Arjona* ont le même gynécée et justifient pleinement les opinions de plusieurs botanistes (Korthals, Decaisne, etc.) sur les affinités des Santalacées et des Loranthacées.

Les *Myzodendron* ne peuvent être séparés des *Arjona* pourvus d'une corolle, car la présence d'un périanthe semblable chez les *Viscum* et les *Loranthus* n'a pas fait méconnaître leur alliance intime avec les *Myzodendron*.

Les *Myzodendron* ne peuvent être écartés des *Arjona* parce qu'ils n'ont pas les fleurs hermaphrodites de ces derniers; car les fleurs des *Loranthus* et des Santalacées sont tantôt hermaphrodites et tantôt diclines.

Le gynécée des *Loranthus* est le même que celui des *Exocarpos* inséparables d'ailleurs des Santalacées.

Les *Anthobolus*, intimement alliés aux *Exocarpos*, sont donc étroitement unis aux Santalacées; mais leur gynécée étant celui des Guis et des *Loranthus*, ils ne peuvent non plus être éloignés de ces derniers.

Les *Cansjera* ont le même mode de placentation que les Loranthacées, et il n'y a entre eux qu'une légère différence dans la direction de l'ovule toujours orthotrope, réduit au nucelle et inséré sur un placenta central libre.

Les *Cansjera* ne diffèrent des *Opilia* que par un caractère de très minime valeur, la forme du réceptacle floral.

Les *Opilia* et les *Olax* appartiennent pour tous les botanistes à une même famille naturelle. Nous démontrerons bientôt que les *Liriosma* ne sont que des *Olax* à ovaire infère, et que, par conséquent, les Santalacées sont, par l'intermédiaire des *Liriosma*, nettement reliées aux Opiliées.

Toutes ces familles, Santalacées, Liriosmées, Olacinées, Myzodendrées, Opiliées, Cansjérées, Antholobées, Loranthacées, ne peuvent donc que former un seul tout, auquel nous appliquons le nom d'*Ordre des Loranthacées*, cette désignation étant la plus ancienne de toutes (1808).

Nous nous proposons de discuter, dans un prochain travail, les limites, les divisions secondaires et les affinités naturelles de cet ordre.

Paris. — Imprimerie de L. Martinet, rue Mignon, 2.

www.ingramcontent.com/pod-product-compliance
Ingram Content Group UK Ltd.
Pitfield, Milton Keynes, MK11 3LW, UK
UKHW020439230726
13925UKWH00004B/1749

9 782019 223588